来了 WE
ARE COMING TOO.

中国盆景赏石

2013中国盆景活动回顾专辑

Review Issue of 2013 China Penjing Events

中国林业出版社 China Forestry Publishing House

向世界一流水准努力的
——中文高端盆景媒体

《中国盆景赏石》

世界上第一本全球发行的中文大型盆景媒体
向全球推广中国盆景文化的传媒大使
为中文盆景出版业带来全新行业标准

《中国盆景赏石》
2012年1月起
正式开始全球（月度）发行

图书在版编目 (CIP) 数据

中国盆景赏石. 2013 中国盆景活动回顾专辑 / 中国盆景艺术家协会主编. -- 北京：中国林业出版社，2014.3
ISBN 978-7-5038-7395-9

Ⅰ.①中… Ⅱ.①中… Ⅲ.①盆景－观赏园艺－中国－丛刊②石－鉴赏－中国－丛刊 Ⅳ.① S688.1-55 ② G894-55

中国版本图书馆 CIP 数据核字 (2014) 第 032389 号

责任编辑：何增明　张华
出　版：中国林业出版社
　　　　E-mail:shula5@163.com
　　　　电话：(010) 83286967
社　址：北京西城区德内大街刘海胡同 7 号
　　　　邮编：100009
发　行：中国林业出版社
印　刷：北京利丰雅高长城印刷有限公司
开　本：230mm×300mm
版　次：2014 年 3 月第 1 版
印　次：2014 年 3 月第 1 次
印　张：8
字　数：200 千字
定　价：48.00 元

主办、出品、编辑： 中国盆景艺术家协会

E-mail: penjingchina@yahoo.com.cn
Sponsor/Produce/Edit: China Penjing Artists Association

创办人、总出版人、总编辑、视觉总监：苏放
Founder，Publisher，Editor-in-Chief，Visual Director: Su Fang
电子邮件：E-mail:1440372565@qq.com

本辑荣誉总编辑：张小斌

名誉总编辑Honorary Editor-in-Chief: 苏本一 Su Benyi
名誉总编委Honorary Editor: 梁悦美 Amy Liang

美术总监Art Director: 杨竞Yang Jing
美编Graphic Designers: 杨竞Yang Jing　杨静Yang Jing　尚聪Shang Cong　李锐 Li Rui
摄影Photographer: 苏放Su Fang　纪武军 Ji Wujun
总编助理Assistant of Chief Editor: 徐雯Xu Wen
编辑Editors: 雷敬敷Lei Jingfu 孟媛Meng Yuan 霍佩佩Huo Peipei 苏春子Su Chunzi 房岩 Fang Yan

编辑报道热线：010-58693878（每周一至五：上午10：00-下午6：30）
News Report Hotline: 010-58693878 (10：00a.m to 6：30p.m, Monday to Friday)
传真Fax: 010-58693878
投稿邮箱Contribution E-mail: CPSR@foxmail.com
会员订阅及协会事务咨询热线：010-58690358（每周一至五：上午10：00-下午6：30）
Subscribe and Consulting Hotline: 010-58690358 (10：00a.m to 6：30p.m, Monday to Friday)
通信地址：北京市朝阳区建外SOHO16号楼1615室 邮编：100022
Address: JianWai SOHO Building 16 Room 1615, Beijing ChaoYang District, 100022 China

制版印刷：北京利丰雅高长城印刷有限公司
读者凡发现本书有掉页、残页、装订有误等印刷质量问题，请直接邮寄到以下地址，印刷厂将负责退换：北京市通州区中关村科技园通州光机电一体化产业基地政府路2号 邮编101111
联系人王莉，电话：010-59011332。

三角梅 *Bougainvillea spectabilis* 高120cm 宽100cm 劳寿权藏品 2013（古镇）中国盆景艺术家协会会员盆景精品展金奖第2名 得分：91.20
Leafyflower. Height: 120cm, Width: 100cm. Collector: Lao Shouquan. The Second Place for Gold Award of 2013
（Guzhen）China Penjing Member Exhibition of China Penjing Artists Association. Score: 91.20

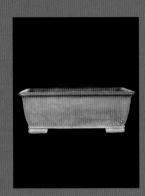

国际盆景世界 Penjing International

专题 Subject

话题 Issue

中国盆景赏石

2013 中国盆景活动回顾专辑
CHINA PENJING & SCHOLAR'S ROCKS
Review Issue of 2013 China Penjing Events

用 100 年做一件事

100 Years to Do One Thing

文: 苏放 Author: Su Fang

昨天一个六岁的小朋友问我: 假若你被冰封 100 年后, 醒来的第一天你会做什么?

我告诉他第一件事会是泡一壶好茶先暖暖身子。

小朋友说:"你这 100 多岁的老爷爷真没出息, 你应该去干点比这更重要的事, 比如去上小学一年级。你知道么, 100 年的时间里, 你一无所成, 知识水平连现在的一年级都达不到, 居然还有心喝茶?!"

小朋友无忌的玩笑话好像在我的脑袋上敲了一棒子。

是啊, 一个人一生能有几个 100 年? 最多就一个, 绝大部分人还到不了一个。

人一过 50 岁, 就叫"半百"了, 人到了这个年龄, "老了"的感觉某一天会突然袭上心头。

我曾经给来自美国的全球顶级时尚杂志《COSMOPOLITAN》写过一篇叫《再不疯狂就老了》的文章。在那篇文章里我建议人们做一切让自己快乐的事情, 只要不违法、不害人, 任何疯狂的想法都是值得去大试特试的! 就像是大家都津津乐道的一对中国老夫妇, 卖掉了唯一的房子后去全球旅游, 我当时想: 人这样活的话, 一辈子该有多少乐趣啊!

但文章写完一年后我又对自己的文字产生了怀疑: 想想就算是一辈子天天疯狂, 但没有做成过一件对社会和别人特别有意义的事, 这样的疯狂有什么意义呢?

有一句话是这样说的: 用 100 年的时间去做一件事。

中国盆景从 20 世纪 80 年代复苏开始到现在, 一晃近 30 年了, 从那时到现在, 如果你对比一下, 只从简单的全国展的金奖水平来衡量, 你会对 30 年来的变化感慨万千, 因为很多 30 年前获金奖的作品, 今天能获得一个顶级展的参展资格, 恐怕都是一件有难度的事了。

日本的顶级盆栽展——国风展迄今已经做了 88 届, 还有 12 届就满 100 年了。这让我想到了很多。

中国虽然是盆景的发源国, 但我们依然还很年轻, 我们离 100 年还很远!

盆景这东西, 老有老的味道, 年轻有年轻的好处, 年轻的最大的好处就是有一个没有天花板的未来。

今天国内的一流顶尖高手做的好坯材的树很多都轻易卖到了七八十万或二三百万元的收藏价, 而 30 年前的中国专业盆景人大多还是一个月挣二十元钱的"中国花工"呢?

2014 年的今天, 整个中国盆景界和人都会非昔比了,

Author Introduction

Su Fang is the president of the China Penjing Artist Association, and initiator, publisher and chief editor of the *China Penjing & Scholar's Rocks* and the honorary president and plenipotentiary of World Bonsai Stone Culture Association. Besides, he is a contracted musician with Warner Music International Ltd. which is one of the world top three music corporations. Being a major planner, Su participated in the preparations for establishing the state-level China Penjing Artist Association in 1988. He had been secretary-general thereof since 1993 and assuming the post of president since 1999.

记得一位老前辈这样说："没有中国盆景艺术家协会，就没有我的现在。"自1988年中国盆景艺术家协会成立后，中国盆景发展中的很多事确实得益于协会对盆景事业的推动，特别是苏本一老会长和张世藩秘书长两位老先生及历代盆景前辈们对协会20多年来的发展起到了巨大的奠基人的推动作用。

当历史进入到2013年时，"中国鼎"的诞生也许是中国盆景艺术家协会第五届理事会团队为中国当代盆景史树立的一个新的分界线和行业标杆。

第一次设立一个代代相传的高价值的国家首席大奖奖杯；第一次撤掉了有时占比例高达参展盆景50%的大量金银铜牌，而改以寥寥可数的8盆大展奖；第一次用专家评委会打分的方法筛选全国的"入展作品"，而不是来一个算一个或凭"关系"入展；第一次为每个盆景制作单独的有艺术展设计水准的大型展台；第一次为展台加上品牌配饰；第一次推出品牌专有的"展徽"；第一次使用"全国最好的100盆顶级盆景"的展览概念和标准；第一次推出面向世界的"中国鼎"的国家品牌展览概念；第一次举办中国盆景界的行业高端年度晚会……很多的"第一次"让很多人对我说，这次的"中国鼎"国家大展，用一句当下最流行的话说，叫"高端大气上档次！"中国盆景确实开始耳目一新了。

一个外国朋友告诉我："《中国盆景赏石》书系为全世界的盆景传媒和杂志树立了一个新的视觉标准，而这次的中国鼎国家大展同样是为全世界的展览树立了一个新的办展标准，中国现在真的是个很了不起的国家，中国盆景的脚步在很多方面已经走在了全世界的前面。"这句话让我觉得，两三年来中国盆景艺术家协会第五届理事会所有会员的努力都得到了最大的回报。

这次中国鼎展览活动的日日夜夜，对很多人来说可能都是一生中难以忘怀的经历，因为所有100个入选者的名字都将被刻进中国盆景的历史丰碑。

写到这里想到了一句话："和盆景一起慢慢变老"。

100年是很长的时间，但很多人都在几十年里创造过奇迹。

爱是世界上最大的一种能量，如果你爱上了一个人或一件事，而且愿意花100年的时间来做这同一件事，这是种多么美丽的感觉啊！

2013年的"中国鼎"国家大展是一个开始，从现在开始，用100年的时间继续做下去，我们的后人一定会在某一天说，新的历史分界线是从2013年开始的。

"罗汉叠翠" 短叶罗汉松 *Podocarpus macrophyllus* 高120cm 宽180cm 李正银藏品
2013（古镇）中国盆景艺术家协会会员盆景精品展金奖第3名 得分：90.60
"Buddist Arhat Pinnacle". Yaccatree. Height: 120cm, Width: 180cm. Collector: Li Zhengyin. The Third Place for Gold Award of 2013 (Guzhen) China Penjing Member Exhibition of China Penjing Artists Association. Score: 90.60

刺柏 *Juniperus formosana* 高120cm 宽170cm马建中藏品
2013 (古镇)中国盆景艺术家协会会员盆景精品展金奖第4名 得分：87.80
Taiwan Juniper. Height: 120cm, Width:170cm.Collector: Ma Jianzhong. The Fourth Place for Gold Award of
2013 (Guzhen) China Penjing Member Exhibition of China Penjing Artists Association. Score: 87.80

"谦谦君了" 山松 *Pinus massoniana* 高100cm 彭盛材藏品
2013 (古镇)中国盆景艺术家协会会员盆景精品展金奖第5名 得分：86.80
"A Modest Person". Chinese Red Pine. Height: 100cm. Collector: Peng Shengcai. The Fifth Place for Gold
Award of 2013 (Guzhen) China Penjing Member Exhibition of China Penjing Artists Asso范义成（中国）ciation.
Score: 86.80

"涅槃" 真柏 *Juniperus chinensis var. sargentii* 高88cm 宽160cm 陈光华藏品
2013 (古镇)中国盆景艺术家协会会员盆景精品展金奖第5名 得分：86.80
"Nirvana" Sargent Savin. Height: 88cm, Width: 160cm. Collector: Chen Guanghua. The Fifth
Place for Gold Award of 2013 (Guzhen) China Penjing Member Exhibition of China Penjing Artists
Association. Score: 86.80

九里香 *Murraya exotica* 飘长80cm 阮建成藏品
2013 (古镇)中国盆景艺术家协会会员盆景精品展金奖第7名 得分：85.00
Jasminorange. Branch: 80cm. Collector: Ruan Jiancheng. The Seventh Place for Gold Award of 2013 (Guzhen)
China Penjing Member Exhibition of China Penjing Artists Association. Score: 85.00

"清涛雅韵" 五针松 *Pinus parviflora* 高95cm 宽100cm 沈水泉藏品
2013 (古镇)中国盆景艺术家协会会员盆景精品展金奖第7名 得分：85.00
"The Cool Waves and Elegant Rhyme Arises Spontaneously" Japan White Pine. Height: 95cm, Width:
100cm Collector: Shen Shuiquan. The Seventh Place for Gold Award of 2013 (Guzhen) China Penjing
Member Exhibition of China Penjing Artists Association. Score: 85.00

九里香 *Murraya exotica* 高120cm 宽90cm 萧庚武藏品
2013 (古镇)中国盆景艺术家协会会员盆景精品展金奖第9名 得分：84.40
Jasminorange. Height: 120cm, Width: 90cm. Collector: Xiao Gengwu. The Ninth Place for Gold Award of 2013
(Guzhen) China Penjing Member Exhibition of China Penjing Artists Association. Score: 84.40

山橘 *Fortunella hindsii* 高128cm 李仕灵藏品
2013 (古镇)中国盆景艺术家协会会员盆景精品展金奖第10名 得分：83.80
Hinds Kumquat. Height: 128cm. Collector: Li Shiling. The Tenth Place for Gold Award of 2013 (Guzhen) China
Penjing Member Exhibition of China Penjing Artists Association. Score: 83.80

"沐雨栉风" 真柏 *Juniperus chinensis var. sargentii* 高100cm 宽110cm 朱昌圣藏品
2013 (古镇)中国盆景艺术家协会会员盆景精品展金奖第11名 得分：83.60
"Growing up very Hard Regardless of Weather". Sargent Savin. Height: 100cm, Width: 110cm. Collector:
Zhu Changsheng. The Eleventh Place for Gold Award of 2013 (Guzhen) China Penjing Member Exhibition of
China Penjing Artists Association. Score: 83.60

RECOMMENDED BOOKS

优秀盆景系列图书推荐

盆景造型技艺图解（最新彩色版）

ISBN: 978-7-5038-6675-3

定价: 59.00元

出版时间: 2013年1月

内容简介: 本书以图解的形式为读者介绍盆景造型的技艺方法，包括飘枝、探枝、拖枝、跌枝在桩景中的形态作用以及20种造型设计的实例详解，内容丰富，指导性强。

绘图盆景造型2000例

ISBN: 978-7-5038-6674-6

定价: 59.00元

出版时间: 2013年1月

内容简介: 本书作者用细腻的画笔、用2000多幅盆景造型图，记录了近时期盆景艺术发展过程，所绘的盆景造型惟妙惟肖，生动逼真，为读者提供难得的、全面的盆景造型参考资料。

现代盆景制作与赏析（第二版）

ISBN: 978-7-5038-6664-7

定价: 39.00元

出版时间: 2013年1月

内容简介: 本书介绍22种14类创新盆景形式，作品照片200余张，全彩印刷。作品多为盆景艺术近年佳作，都是造型优美、全新视角的盆景精品。

盆景养护手册（全彩版）

ISBN: 978-7-5038-5429-3

定价: 38.00元

出版时间: 2013年3月第4次印刷

内容简介: 本书图文并茂地介绍了花果盆景、松柏盆景、常绿盆景、落叶盆景以及山水盆景的养护知识，内容丰富全面、通俗易懂。

树桩盆景技艺图说

ISBN: 978-7-5038-5795-9

定价: 59.00元

出版时间: 2013年3月第3次印刷

内容简介: 本书是一本全面介绍树庄盆景技艺、图文并茂的著作。包括树桩盆景创作原理、树桩来源及选择、树种、造型形式等内容。

新编盆景造型技艺图解

ISBN: 978-7-5038-4834-6

定价: 38.00元

出版时间: 2013年5月第4次印刷

内容简介: 本书作者总结20多年的心得体会，以图解的形式为读者介绍树木盆景的创作知识，造型中枝的运用、培育、组合以及树桩盆景造型形式的解读。

松柏盆景

ISBN: 978-7-5038-7346-1

出版时间: 2014年2月

定价: 39.00元

内容简介: 本书介绍了松柏盆景造型的15种款式及制作过程，每个制作过程都配有手绘图及美图欣赏。重点书介绍了罗汉松……

杂木盆景

ISBN: 978-7-5038-7349-2

出版时间: 2014年2月

定价: 36.00元

内容简介: 本书介绍了杂木类盆景根的造型、干的造型、枝的造型，每种形式都配有精美图片。重点介绍了榕树、雀梅、女贞、黄杨……

中国盆景赏石系列

定价: 48元

出版时间: 每月一本

《中国盆景赏石》是我们为读者倾心打造的一套关于介绍盆景全方面知识的读物，每月出版一本。该系列书图文并茂，大片云集，美轮美奂。每一本都包含了你想要的关于盆景各个方面的知识，其中的名家名绝对超出您的想象。

购买途径

1.中国林业出版社天猫旗舰店: http://zglycbs.tmall.com/

2.联系人: 袁老师 电话010-83223120

3.通过全国各大图书网店或新华书店都可购买

商贸乐从·会展辉煌

2013乐从（国际会展中心）镇南盆景精品邀请

主办单位：乐从镇人民政府
　　　　　广东省盆景协会
　　　　　广东东恒家具集团有限公司
承办单位：乐从盆景协会
　　　　　乐从国际会展中心
独家冠名：乐从国际会展中心—家具名城

金奖颁奖仪式 张流摄影

乐从（国际会展中心）岭南盆景精品邀请展
于2013年9月8日盛大开幕

Lecong Town (International Convention Center)
Lingnan Penjing Exhibition Held on September 8th, 2013

供稿：陈润明 Source：Chen Runming

"商贸乐从，会展辉煌"。2013年9月8~12日，由乐从国际会展中心——家具名城独家冠名，乐从镇人民政府、广东省盆景协会、广东东恒集团有限公司共同主办，乐从盆景协会与乐从国际会展中心联合承办的2013乐从（国际会展中心）岭南盆景精品邀请展于乐从国际会展中心广场隆重举行。活动于9月8日上午举行了盛大开幕仪式，乐从镇人民政府镇长谢顺辉，中国盆景艺术家协会会长苏放，常务副会长吴成发，常务副会长、广东省盆景协会会长曾安昌等领导，以及港澳台地区、广东省内各盆景协会代表、参展代表共600多人出席。

这是省级盆景精品邀请展首次走进商贸乐从，来自广东省

中国盆景艺术家协会会长苏放致辞
李建摄影

全场总冠军颁奖仪式 岑兆坚摄影

展场一角 岑兆坚摄影

乐从镇人民政府镇长谢顺辉致祝贺词 岑兆坚摄影　　开幕式剪彩嘉宾合影 张流摄影

"似癫继狂" 红花檵木 荣获全场总冠军 吴成发藏品　张流摄影

内外以及港澳台等35个地区的218盆盆景精品应邀参加，集中展示，吸引盆景爱好者及社会各界人士约10万人次进场观展。本次盆景展是乐从镇人民政府与省级盆景协会共同打造的一次盆景艺术盛会，引起了盆景艺术界的热切关注和积极参与。活动前期，由广东省盆景协会、乐从盆景协会联合省内著名盆景艺术家共同组成专家组，分赴省内外各地区挑选作品，经过层层挑选、严格把关、综合评定，218盆盆景精品从数万件盆景作品中脱颖而出，在乐从荟萃展示。近期非常流行的超大型盆景、小型精品及部分盆景新品在展会中悉数亮相，除了九里香、榆树、松树、柏树等岭南传统树种外，更有近年甚少"露面"的鸟不宿、锦松等盆景精品。本次盆景展所展出的盆景作品均代表着广东省盆景精品的最高水准，其中不乏大师和专家作品，有参加2013中国盆景国家大展的精品首度亮相，也有在国际级、国家级以及省级盆景展中荣获金奖的珍品展出。赏这些树桩盆景，有的盘根错节，亭亭如盖；有的悬崖倒挂，凌空欲飞；有的枝展叶舒，婀娜多姿，可谓精品荟萃，亮点纷呈。

2013年9月6~7日，由广东省内外著名盆景艺术家等组成的评委团对参展精品进行严格评选，经过激烈的角逐，结果由中国盆景艺术家协会常务副会长、香港盆景雅石学会永久名誉会长吴成发先生的"似癫继狂"红花檵木盆景精品摘得桂冠，成为全场总冠军，独揽33000元现金大奖。开幕仪式上，组委会对评选出的1名全场总冠军，9名金奖，18名银奖和36名铜奖分别颁发获奖证书和奖金。

本次盆景展在展场选择及布展设计上强化地方特色，力求有新的突破。会场设在国内知名家具商场——乐从国际会展中心，采用高规格展台和布展设计方式，将千姿百态的盆景展示与富有乐从商贸特色的大型家具专业商场有机结合、交相辉映，大大提高盆景精品的可观赏性，更加凸显代表中国传统的盆景和家具深邃的历史文化底蕴，充分展示岭南盆景的深厚内涵和独特魅力。展出采用背景挡板和配以专用几架，布置高低错落，展线迂回，一步一景，强调突出盆景的文化艺术品位。

近年来，乐从镇在致力推动城市化的同时，以生态发展为引领，推动农业产业转型升级和美丽乐从、生态乐从建设，积极探索发展盆景产业、高端种养等新型现代生态农业。2013乐从（国际会展中心）岭南盆景精品邀请展的成功举办，将进一步加强乐从与省内外盆景艺术界的合作与交流，提升乐从盆景发展水平。今后，乐从将全力推进盆景产业园的规划建设，深化盆景文化内涵，致力打造珠三角独具特色的盆景创作、盆景养护、盆景收藏、盆景交易基地。

乐从（国际会展中心）
Lecong Town
(International Convention Center)

岭南盆景精品邀请展 获奖作品选
Lingnan Penjing Exhibition's Winning Works

供图：陈润明 Photo provider: Chen Runming　摄影：张流 Photographer: Zhang Liu

金奖：

酸味林 吴长显藏品 荣获金奖

九里香 劳寿权藏品 荣获金奖

雀舌罗汉松 曾安昌藏品 荣获金奖

山松 劳妙玲藏品 荣获金奖

相思 王景林藏品 荣获金奖

水旱榕树 徐敏杰藏品 荣获金奖

三角梅 吴伟东藏品 荣获金奖

山松 劳寿权藏品 荣获金奖

棠梨 何伟源藏品 荣获金奖

银奖：

山松 何啟智藏品 荣获银奖　　榕树 李建藏品 荣获银奖　　博兰 陈日生藏品 荣获银奖　　榕树 冼汉煌藏品 荣获银奖

三角梅 萧焯华藏品 荣获银奖　　相思 香港盆景雅石学会藏品 荣获银奖　　雀梅 吴成发藏品 荣获银奖　　六角榕 暨佳藏品 荣获银奖

雀梅 李敬澄藏品 荣获银奖　　黑松 薛最常藏品 荣获银奖　　山橘 王景林藏品 荣获银奖

福建茶 趣怡园藏品 荣获银奖　　榆树 邓秀珍藏品 荣获银奖　　雀梅 张新华藏品 荣获银奖　　九里香 劳锦坚藏品 荣获银奖

黑松 薛最常藏品 荣获银奖　　榕树 吴松恩藏品 荣获银奖　　簕杜鹃 蔡显华藏品 荣获银奖

相思 曾之湧藏品 荣获铜奖

雀梅 梁志坚藏品 荣获铜奖

山松 彭盛滔藏品 荣获铜奖

山松 何焯光藏品 荣获铜奖

榕树 张国良藏品 荣获铜奖

相思 林富强藏品 荣获铜奖

香楠 容乾晖藏品 荣获铜奖

博兰 卢炳权藏品 荣获铜奖

相思 黄海波藏品 荣获铜奖

山橘 程典雄藏品 荣获铜奖

榕树 麦永强藏品 荣获铜奖

博兰 曾令舜藏品 荣获铜奖

三角梅 叶炎棠藏品 荣获铜奖

相思 梁仲华藏品 荣获铜奖

博兰 熊至荣藏品 荣获铜奖

清香木 陈迎、何兆良藏品
荣获铜奖

相思 梁振华藏品 荣获铜奖

黄杨 岑健民藏品
荣获铜奖

雀梅 杨杰斌藏品 荣获铜奖

榕树 潘满成藏品 荣获铜奖

朴树 陈治辛藏品 荣获铜奖

福建茶 劳杰林藏品 荣获铜奖

水旱白蜡 邓永和藏品 荣获铜奖

三角梅 何伟源藏品 荣获铜奖 　　相思 陈万均藏品 荣获铜奖 　　相思 邓孔佳藏品 荣获铜奖 　　博兰 温雪明藏品 荣获铜奖

杜鹃 梁振华藏品 荣获铜奖

附石相思 梁耀光藏品 荣获铜奖 　　黑松 欧阳国耀藏品 荣获铜奖

榕树 陈家劲藏品 荣获铜奖

罗汉松 温雪明藏品 荣获铜奖

红牛 廖开文藏品 荣获铜奖 　　红杨 陈有浩藏品 荣获铜奖 　　三角梅 欧炳干藏品 荣获铜奖 　　水横枝 区永林藏品 荣获铜奖

东莞市荣获第十届
粤港澳台盆景艺术博览会主办权

广东省盆景协会会长曾安昌将会旗授予东莞市林业局局
长胡炽海（左）、东莞市盆景协会会长黎德坚（右）

东莞市林业局局长胡炽海代表东莞
市政府致辞

广东省盆景协会常务副会长、秘书长
谢克英宣读公函

Dongguan City
Won its Bid to Host the 10th Guangdong,
供稿: 李建 Source: Li Jian
Hong Kong, Macao and Taiwan Penjing Art Exhibition

在2013年9月8日举行的"2013乐从（国际会展中心）岭南盆景精品邀请展"开幕式上，广东省盆景协会常务副会长、秘书长谢克英宣读了《关于申办第十届粤港澳台盆景艺术博览会的复函》："……东莞市政府、东莞市盆景协会为了大力推广盆景艺术的交流，展现东莞现代盆景的艺术风采，进一步推动东莞盆景事业的蓬勃发展，建设幸福东莞、美丽东莞、生态东莞，提高东莞城市形象。因而提出申办'第十届粤港澳台盆景艺术博览会'。经广东省盆协领导班子研究、评估、论证，认为东莞市具备了举办高规格、高质量、高档次的盆景艺术博览会的条件，因此同意第十届粤港澳台盆景艺术博览会2014年在东莞市举办。"

旋即，广东省盆景协会会长曾安昌将"粤港澳台盆景艺术博览会"会旗授予参加接旗活动的东莞市林业局局长胡炽海、东莞市盆景协会会长黎德坚。接受会旗之后，胡炽海局长代表东莞市政府致辞，感谢广东省盆景协会对东莞市的申办工作的支持和鼓励，感谢全省盆景人的热情支持，并表示这是对东莞市政府及东莞市盆景协会的信任，从接旗的那一刻开始，就感受到这份沉甸甸的责任感和使命感，东莞市政府将会全力以赴搞好这届博览会。

粤港澳台盆景艺术博览会，是由广东省盆景协会于1990年创办的，两年一届，20多年来已经成功地举办了9届，得到了国内外业界的好评，影响深远，有力地推动了盆景产业的发展，已成为广东省盆景协会的展览品牌。

据悉，随着东莞市经济的飞速发展，在东莞市各级政府的大力支持下，给了东莞盆景产业很大的帮助和鼓励，东莞市盆景协会的领导班子，团结进取，热情高涨。特别是近年来东莞越来越多的企业家加入盆景艺术行列，极大地推动和加快了东莞市盆景艺术的发展和提高，许多盆景精品日趋成熟，不少私家盆景园的建设也日趋完善，各镇区盆景协会也不断壮大，盆景创作、展览、交流活动空前活跃。

经过近一年的时间，东莞市盆景协会在黎德坚会长及协会团队的共同努力下，多方沟通，以最大的热情和最精心的准备工作，向广东省盆景协会郑重申办"第十届粤港澳台盆景艺术博览会"，经过广东省盆景协会及港澳台各地区盆景协会对东莞申办工作的反复考察、审核、论证，最终获得一致的认可和赞誉。

会后黎德坚会长接受访问时坦露心迹：1.申办工作的成功，协会上下付出了相当大的努力，并获得各级领导的鼎力支持；2.这届申办有一个强劲的竞争对手——香港，在做了大量的工作之后，获得香港同行的谅解和礼让，在此深表谢忱；3.自2012年5月份就任东莞市盆景协会会长以来，深感责任重大，凡事以身作则，特别是于募捐方面，力所能及地率先垂范，也算是为回馈社会，造福盆坛。据不完全统计，黎会长就任于始，即捐资15万

元作协会经费，2013年5月份及7月份分别捐资10万元、30万元作申办工作的启动资金。在黎会长的带领下，东莞盆景人踊跃捐献，另计捐款总额逾50万元。

黎会长透露，他与广东省盆景协会曾安昌会长磋商，决心要把第十届粤港澳台盆景艺术博览会搞得比以往任何一届质量更高、作品数量更多、场馆更大的展览。黎会长表示，时间是宝贵的，也是不容浪费的，工作量也是巨大的，必须夙兴夜寐，珍惜每一天。对于下一步的工作，首先是与政府部门密切沟通协商，从拟定的"市政中心"、"会展中心"、"体育馆"三个备选场馆之中，选定一个作为展览场馆，并动用市政力量，为展览筹备工作提供支持。接着是乘接旗雄风，再次号召东莞盆景人及各界人士，以主人翁精神，为办好这届来之不易的盛典，有钱出钱，有力出力，以当仁不让、舍我其谁的精神，共谱华章。

我们深信这届博览会在东莞市举办，实现了东莞盆景人多年来的心愿，必将更好地激励东莞市盆景人和东莞各界人士对发展盆景产业的积极性，在东莞市政府和各部门的更大力支持下，必将更快地推动东莞盆景产业的发展，为建设更加繁荣美丽东莞做出新的贡献，为促进岭南盆景艺术的发展再创辉煌！

东莞市盆景协会代表团参加接旗仪式

安徽省盆景艺术协会常务理事会第一次会议

安徽省盆景艺术协会常务理事第一次会合

安徽省盆景艺术协会常务理事
第一次会议于2013年9月7日 召开并通过黄山宣言

The 1st Meeting of Anhui Penjing Art Association Executive Director Held in September 7th, 2013 and the Declaration of Huangshan is Adopted

供稿：胡光生 Source: Hu Guangsheng

　　2013年9月7日，在美丽的黄山脚下，迷人的新安江畔，天都国际饭店，安徽省盆景艺术协会常务理事第一次会议正式召开。本次会议由安徽省盆景艺术协会会长黄同文主持，34位副会长及常务理事出席参加会议。此次会议在友好协商的气氛中，集思广益，为安徽盆景艺术事业的发展树立了历史性的里程碑。

　　黄山会议上常务理事们一致通过了关于任命尤传楷同志为安徽省盆景艺术协会副会长的提议，会上尤传楷副会长发表了重要讲话，积极地表达了对协会工作的热心和服务协会的决心。淮南市盆景协会监事会主席王庆友应邀出席本次会议，并在会上代表淮南市盆景协会讲话，承诺积极配合省协会的工作安排，做好与省协会的沟通与交流。另外，王庆友主席还在会上提出关于安徽省第五届盆景艺术展暨淮南市舜耕山盆景艺术展的合作诉求，协会对此进行了讨论与分工，会上各地代表也作了积极响应，确保了该展能顺利开展。

　　常务理事会通过了协会的下一步工作计划和安排，到会人员积极发表了有关意见，在他们反复讨论的基础上，大会通过了如下宣言（又称《黄山宣言》）：

　　1.安徽省盆景艺术协会，着力发展安徽盆景艺术事业，努力开展各项盆景专业制作技艺的展示和交流活动，在传统的徽派盆景基础之上，诠释新的徽派盆景的含义，把安徽盆景人的盆景梦，载入当代徽商文化史；

　　2.安徽省盆景艺术协会，将建立现代网络、专业会刊等传播媒平台，把安徽盆景艺术传播出去，让更多的人士关注徽派盆景艺术水平的发展，并凝聚所有安徽省盆景界的力量，统一思想，众志成城，引领安徽盆景行业的正确发展方向，再现徽商辉煌时代；

　　3.会议通过了一项决议：安徽省盆景艺术协会，合并原安徽省风景园林学会下设的盆景专业委员会，以后安徽省凡涉及盆

黄同文会长主持会议

安徽鑫诚集团董事长
李军先生应邀出席会议

尤传楷副会长
在会上发表了
重要讲话

景类专业活动及事项，均由安徽省盆景艺术协会统一组织和开展。这项决议的实施，预示着安徽省盆景艺术协会，在业务主管单位安徽省林业厅领导下，成为全安徽省唯一一家专业的、统一的、全面的盆景艺术和行业协会；

4.安徽省盆景艺术协会，将打造一个全新的社团组织形象，既是安徽盆景人士温馨的大家庭，也更是全安徽省民间组织团体的表率，统一、团结、和谐、包容，为徽派盆景艺术及行业的发展创造一个健康美好的环境。

与会现场

淮南市盆景协会监事会主席王庆友先生（右）在会议期间和安徽省盆景艺术协会常务副会长樊顺利（左）探讨

安徽省首届盆景艺术精品展于2013年10月25日开幕

The 1ˢᵗ Anhui Penjing Art Exhibition Opened in October 25ᵗʰ, 2013

供稿：胡光生 摄影：李雷
Source: Hu Guangsheng Photographer: Li Lei

2013中国·合肥苗木花卉交易大会暨安徽省首届盆景艺术精品展于10月25日拉开了帷幕，没有隆重的开幕式，却满载热情洋溢的参展者。

展览中，共展出了14个地区140盆由精品展组委会从安徽省各地的盆景私人爱好者、盆景产业单位精挑细选的盆景精品佳作。树种有榆树、迎春、黄山松、真柏、刺柏、黑松、罗汉松等，多达数十种。精品展上的盆景艺术造型突破了徽派盆景历史上的"游龙式"和"三台式"的传统，体现了当代盆景创作者的创新精神，为徽派盆景注入了新的内涵。

展会前，盆景精品展组委会还成立了评奖小组，经过严谨细致的评审，产生了金、银、铜若干奖项，大大激励了全省盆景爱好者的创作激情。为了评选工作的公平、公正，组委会聘请了行业内资深、公信度高的7位评委、3个监委组成了评委小组，进行奖项的评定。评委小组下达了严谨细致的评审规则文件，发放到各评委和监委人员的手里，确立了正规、专业的评审程序。

展览现场的布局设计大气、优雅，突现了徽派文化的特色。展览现场，有张志刚、柳伟、唐立新、王磊、谷斌、吴来顺6位盆景制作高手进行了现场制作表演，吸引了大量观赏者。

此次安徽省首届盆景艺术精品展，得到了中国·合肥第十一届苗木花卉交

韩国小品盆栽协会理事长金世元一行参观展览

易大会组委会的肯定和高度评价，并在大会闭幕式上给予"安徽省首届盆景艺术精品展"嘉奖，荣获2013中国·合肥苗木花卉交易大会组委会颁发的"优秀组织奖"和"第十一届中国·合肥苗木花卉交易大会特装展银奖"，大大推动了安徽省盆景艺术发展的步伐。

评奖现场

民众参观展会现场一角

张志刚进行盆景制作表演　柳伟进行盆景制作表演

唐立新进行盆景制作表演

王磊进行杂木盆景制作表演

The 1st Anhui Penjing Art Exhibition Opened in October 25th , 2013

谷斌进行盆景制作表演

"元人画意" 宣石　俞龙藏品 荣获金奖

"秋江图" 面条石 夏国藏品 荣获金奖

"知乐风采" 小品组合 张坦坦藏品 荣获金奖

吴来顺进行盆景制作表演

"待到春花烂漫时" 西娟 樊三虎藏品
荣获金奖

"徽韵" 台湾真柏 谷斌藏品
荣获金奖

"君子之风" 米罗 王富林藏品
荣获金奖

"老骥伏枥" 刺柏
吴来顺藏品 荣获金奖

"山林竞秀图" 榆树 唐立新藏品 荣获金奖

"秋凉" 雀梅 华保权藏品
荣获金奖

"祥云飞渡" 榆树 岳子付藏品
荣获金奖

"共建和谐" 榆树
黄静藏品 荣获金奖

"崖壁翠绿" 丝鱼川真柏
安徽鑫诚集团藏品 荣获金奖

"黄山印象" 地柏
何超藏品 荣获金奖

"大将军" 榆树 厚德园藏品
荣获金奖

"龙凤图" 榆树 杨连军藏品
荣获金奖

河南省第十一届中州盆景大赛
于2013年9月16日到10月8日举行

The 11th Zhongzhou Bonsai Convention
Hold in Henan Province from September 16th to October 8th, 2013

文、摄影：于文华 Author/Photographer: Yu Wenhua

为丰富第十三届中原花博会内容，宣传许昌林业大市、生态大市、文化大市及鄢陵花卉的文化品牌，推动中州盆景事业的发展壮大和技艺创新，展示中州盆景的艺术风格和观赏魅力。河南省中州盆景学会在第十三届中原花木交易博览会组委会的统一组织安排下，在博览会期间，河南省第十一届中州盆景大赛于2013年9月16日到10月8日在鄢陵中原花博园举行。同时，邀请了中国盆景艺术大师赵庆泉进行了盆景理论和技艺讲座。

大赛共展示具有中州风格的盆景作品416盆，评出金奖20盆，银奖与铜奖85盆，展示期间每天参观人员达到近万人。很好地宣传了盆景文化，交流了盆景技艺，必将有力地推动中州盆景的发展与提高。

老鸦柿 高43cm 王炘藏品

"橘颂"
金弹子
潘群丛藏品

"迎客"雀梅
高78cm
许才华藏品

1st

Taizhou Arts and Crafts Festival and
Bonsai Genyi Exhibition Held in December 20th, 2012

台州首届工艺美术节暨盆景根艺展于2013年12月20日举行

图文供稿：陈再米 Source：Chen Zaimi

乘中国盆景年之东风，为进一步推动台州盆景大发展，由中心信息化委员会、台州市文学艺术界联合主办，台州市工艺美术家协会、心海书画艺术馆承办，台州市民间文艺家协会、台州市园林管理处协办的台州首届工艺美术节暨盆景根艺展于2013年12月20~24日，在台州市椒江区心海书画艺术馆举行。

本届工艺美术节参展作品分20多个门类品种，共300多件，包括玻璃雕、刺绣、盆景、根艺、剪纸以及金属工艺等，这些作品很多是省级、国家级工艺博览会上获金奖作品，琳琅满目的工艺美术品，争奇斗艳，让观众叹为观止。

由台州籍5位浙江省盆景艺术大师陈再米、王炘、李晓波、周修机、林华清集中参展的盆景作品更是引人注目，100余件盆景、根艺均由中国盆景高级技师陈再米亲自精心挑选、确认，观众们对此青睐有加，人流不断。

本届工艺美术节可以说是台州工艺美术家和盆景根艺爱好者的一次盛宴，也是台州工艺美术家学术交流及学习借鉴的平台。本届专家组由国家级工艺美术大师组成，盆景根艺评委会由陈再米、王炘、王曼卿组成，评出盆景、根艺各金奖3个、银奖8个、铜奖9个，并对国家级、省级工艺美术大师以及浙江省盆景艺术大师们颁发了特别贡献奖证书及奖金。

台州首届工艺美术节开幕式现场

展场一角

"松橘良缘" 高 58cm 张丛贵藏品

"霜到穿袄" 榆树 高 98cm 陈再米藏品

部分工作人员及参展者合影（左三王炘、右五陈再米、右六周修机）

"橘乡魄" 高 45cm 宽 58cm 陈再米藏品

"秋江夕照" 水旱盆景 长 90cm
王妙青藏品

"秋韵宽" 榆树 陈森芙藏品

"双秀" 真柏 高 53cm
潘海宇藏品

"东方神韵" 桧柏 高 72cm 王炘藏品

"柏芽扶绿" 高 83cm 台湾真柏
李晓波藏品

"乡韵" 榆树 高 63cm 周修机藏品

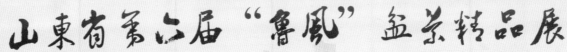

开幕式现场

山东省盆景艺术家协会第六届"鲁风"盆景精品展于2013年10月1日举行

The 6th "Lu Feng" Penjing Exhibition of Shandong Penjing Artists Association Held on October 1st, 2013

文：武广升 图：卢宪辉
Author: Wu Guangsheng Photographer: Lu Xianhui

2013年10月1日山东省盆景艺术家协会第六届"鲁风"盆景精品展暨寿光园林摄影展在寿光中华牡丹园隆重举办。

山东省盆景艺术家协会会长田庆彬，寿光市相关领导出席开幕式并讲话。300多名盆景爱好者及各界朋友携作品参展。参观人数达5万人次，反应强烈，深受人民群众好评。

这次展会大会组委按照"力求节约"的要求，以花为媒，唱响城市绿化主旋律，传播正能量，实现中华民族中国梦，谱写新的辉煌篇章。在展会期间，寿光市朱副市长，寿光市园林局张局长、侯局长参观盆景展，并给予高度评价。

"苍翠" 真柏 宋二虎藏品 荣获金奖

"蛟龙横飞"榆树 张玉伟藏品 荣获金奖

"柏气满乾坤"侧柏 王长河藏品 荣获金奖

"坐看云起"黑松 董仲凯藏品 荣获金奖

"双龙戏珠" 真柏 魏绪珊藏品 荣获金奖

"翘首相望" 真柏 张永成藏品 荣获金奖

"卧龙柏" 侧柏 陈广君藏品 荣获金奖

此展会山东省15地市区盆景协会及寿光有关单位参加，共计精品248件，从中评出金奖18个，银奖40个，铜奖20个，同时还举办了第六届盆景制作学习班。通过摄影展也展示了寿光市园林是城市园林的楷模。

这次展品从质量上看是历届最好的。山东省盆景艺术家协会在新一届领导班子的领导下，全体会员的努力下，有关单位的支持下，定会迈向盆景强省，为山东省文化大发展、文化大繁荣做出积极贡献！

"天山来客" 真柏 朱丙辉藏品 荣获金奖

"牧归图" 小叶朴、英德石 赵恒亮藏品 荣获银奖

"金秋玉扇" 石榴 孙利君藏品 荣获银奖

广西盆景艺术家协会北海会议 于2013年9月22日召开

供稿：毛竹 Source: Mao Zhu

The Beihai Conference of Guangxi Penjing Artists Association Held on September 22nd, 2013

2013年9月22日广西盆景艺术家协会会长李正银主持召开了2013年广西盆景艺术家协会会长第三季度北海会议。

会议主要议题为：广西盆景艺术家协会2013年第一季度以来工作情况、2013年计划落实情况、第三季度广西盆景艺术家协会参展情况以及广西盆景艺术家协会工作存在的问题。对第一季度至第三季以来工作情况进行了分析，肯定了第一季度至第三季以来工作、强调落实完成2013年计划、调整了部分领导班子成员、听取了广西盆景艺术家协会会员关心的热点问题。

会议认为，2013年春节前由于各地、市盆景协会会员高度重视，广西盆景艺术家协会组织参加了在南宁市"山渐青"温泉水镇举办的迎春盆景展，这次展会为广西盆景艺术家协会做了一次很好的范例，企业提供场地及资金，广西盆景艺术家协会提供作品，走了一条企业与广西盆景艺术家协会合作的道路。首先，企业有了文化底蕴深厚的盆景艺术作品，提高了企业知名度及影响力；其次，广西盆景艺术家协会有了举办场地及展会资金；最后，盆景协会会员作品有了展示及让广大群众了解盆景的机会，盆景作品也就多了一次普及推广的机会，盆景作品也就多了一次营销的路子。这次展会虽然规模不算很大，却启示不小，应该引起高度重视。

会议回顾了2013年第一次理事扩大会议，并就盆景艺术如何园林化、盆景艺术如何在城市的规划中有一席之地、盆景艺术的生存与发展进行了热烈讨论。与会者一致认为，广西盆景艺术家协会会长李正银的广西北海市银阳园艺有限公司，已经把此类话题变成了

现实，并且多年以来一直付诸实践。盆景和园林是以自然为主的视觉艺术，盆景与园林、城市的完美结合恰是体现了中国人寄情山水的性情，也展现出园林、城市高雅的品位。我们的盆景艺术家们应该提供相应的素材给园林规划设计者，让园林规划设计者把盆景艺术充分地运用到园林规划当中，使古老的盆景艺术在绿化建设中将自身的生态价值、社会价值、人文价值得到最大效率的发挥。

会上，广西盆景艺术家协会会长李正银向大家介绍了参观广西钦州花卉盆景产业园情况。2013年9月21日受广西钦州黄宇章总经理邀请，广西盆景艺术家协会在会长李正银先生带领下，一行十几人参观考察了钦州新建的森林公园盆景布展现场，同时，还参观考察了钦州1万亩的花卉盆景产业园基地。参观过程中园林公司黄宇章总经理及钦州森林公园管委会主任详细介绍了钦州森林公园及花卉盆景产业园今后发展动向和打算：当前钦州正充分利用丰富的农业资源和优良的生态环境，完善城市绿地系统，改善城市景观，对园林花卉盆景有很大的需求量。听完介绍后李正银会长表示，广西盆景艺术家协会将进一步加强与钦州盆景领域上的深入交流和合作，促进相互发展。

2013年9月22日广西盆景艺术家协会会长会议，广西盆景艺术家协会秘书长黄志清先生，就第三届广西（南宁）园林博览会广西盆景艺术家协会参展情况进行了总结及汇报。李正银会长及与会者，一致肯定了第三届广西（南宁）园林博览会广西盆景艺术家协会参展的成绩和广

同时也指出历届广西园林博览会广西盆景艺术家协会参展中，出现一些违规和违反盆景协会章程的现象。会议上，广西盆景艺术家协会秘书长黄志清先生就广西盆景艺术家协会2013年9月参加全国各大盆景展进行了说明。

此次会议明显增强了集体团结感，广大会员对广西盆景艺术家协会今后的形势表示乐观，大家统一了思想，出现了讲原则、讲大局的新气象、遇事齐心协力，端正认识，增强责任意识，改进工作方法，化解矛盾，维护了广西盆景艺术家协会团结及稳定。

最后，李正银会长在会议总结时强调：盆景艺术随着经济社会的发展，会不断产生新的变化，新的需求，牢固树立盆景艺术为民所用，盆景艺术为民所求，为盆景艺术所谋的思想，不断改进盆景艺术表述方法，适应社会的前进步伐，只有这样盆景艺术才可以减少走弯路，只有这样才有利于盆景艺术良性循环和发展。

会议决定：

一、增补：

1.增补毛竹为广西盆景艺术家协会常务副会长；

2.为了便于盆景协会在广西各地工作，会议提议增补部分地、市广西盆景艺术家协会副会长，待广西盆景艺术家协会常务理事会会议通过后再予以公布。

二、广西盆景艺术家协会专家委员会人员调整名单：

主任委员：徐伟华

副主任委员：罗传忠 覃超华

委员：黄志清 毛竹 李雄 韦志儒 李平（女）伍恩奇 邓于前 马荣进

韩国盆栽组合会长金汉泳（右五）、副会长全珍杓（右一）、韩国小品盆栽组合理事长
金世元（右三）与中国盆景艺术家协会会长团合影留念

中国盆景艺术家协会会长团
于 2013 年 7 月 11 日至 15 日考察韩国盆栽园
Presidency of China Penjing Artist Association
Visited Korea Bonsai Gardens from July 11th to 15th, 2013

2013年7月11日至15日，应韩国盆栽组合及会长金汉泳之邀，由中国盆景艺术家协会会长苏放，名誉会长马建中，常务副会长李正银、杨贵生、柯成昆等组成的中国盆景艺术家协会会长团队前往韩国考察访问。在金世元先生的陪同下，会长团队先后参观了仙游园、道峰山赤松庭园树农场、郑盆景园、清州盆景园、大田盆景组合、顺天国际庭园博览会盆景展、大邱地区盆景园、"思索之苑"等多地数个盆景园。

此行，会长团队受到了韩国盆景界的热烈欢迎，对促进中韩盆景交流及推动中国盆景的发展起了巨大作用。

会长团在"思索之苑"合影留念　　　　　　　　　　　　在盆景前交流

Talk
About
Penjing and Religion

论盆景与宗教

记得曾有学人说过这样的话，"在唐诗研究中，困难不在于描述唐诗繁荣的盛况，而在于正确解释唐诗繁荣的原因"。盆景研究亦如此。现在，盆景界往往一味地纠缠于盆景起源的年代，陶醉似的津津乐道于目前盆景发展的盛况，甚至喋喋不休于盆景某一枝条的取势或布局的孰优孰劣，从而忽略了从文化思想体系对盆景加以更深层次的研究。我们必须清醒地认识到，盆景艺术至今依然缺乏文化思想理论方面的强大支撑，至今仍无法得到上层社会和文化精英们的认可，至今还无法真正堂而皇之地步入艺术的圣殿。基于此，笔者将从盆景与宗教说开去。

文: 徐民凯 Author: Xu Minkai

作者简介

　　徐民凯，原籍江苏睢宁，现居新沂市。1949 年生，曾就职于地方政府机关和省属国电企业，2009 年退休，现赋闲在家。20 世纪 80 年代结缘盆景，后加入中国盆景艺术家协会。最大的爱好是读书以不断充实自己。改革开放之初掀起的国学热让他接触大量的佛禅方面的书，并自选《禅与中国盆景》为研究课题。虽选题太冷，无人关注，但仍乐此不疲。其研究成果多未公开，已发表的论文有《素仁盆景风格谈》、《闲来放情文人树　踏遍源头访古禅》、《素仁盆景真谛考略》以及《中国盆景始祖论》（即《刍议中国盆景始祖》）等。

About Author

　　Xu Minkai, born in 1949, now lives in Xinyi city. His original native place is Suining city, Jiangsu province. He ever worked at the local government authority and the provincial state-owned power company, retired in 2009, and now is staying at home. In 1980s he became attached to penjing and later joined Chinese Penjing Artists Association. His biggest hobby is reading to continually enrich himself. In the beginning of reform and opening to the outside world, the studies of Chinese ancient civilization started to be popular and he read lots of books regarding Zen of Buddhism. He chose Zen and Chinese Penjing as research subject himself. Although nobody paid attention to this subject, he still felt much interest and did it. Most of his research achievements are not open and the published papers are Talks About Suren's Penjing Style, Having Interests in Literati Tree and Probe into Zen, Looking for True Meaning of Suren's Penjing and Discussing the Ancestor of Chinese Penjing (namely, My Humble Opinion on the Ancestor of Chinese Penjing), etc.

鲁迅先生在谈到"有名的原始人的遗迹"——画在西班牙的亚勒泰米拉洞里的野牛时说:"许多艺术史家说,这正是'为艺术而艺术',原始人画着玩玩的。但这解释未免过于'摩登',因为原始人没有19世纪的文艺家那么有闲,他画的一只牛,是有缘故的,为的是关于野牛,或者猎取野牛,禁咒野牛的事。"(《且介亭杂文》、《门外文谈》)鲁迅先生的这段话告诉我们,这种对绘画艺术的

> 盆景是一种独特的艺术表现形式,与上述的歌舞、绘画、雕塑等艺术形式一样,它的产生与发展也与宗教有联系。

图1 河姆渡文化遗址出土的万年青陶块

产生和发展有着非同寻常的密切关系的原始壁画,其实是原始人在祈求狩猎成功时所做的"禁咒"野牛的巫术活动。再如原始舞蹈,它是原始人在敬神、娱神的图腾崇拜中为表达宗教情感而进行歌唱时的肢体动作,这同样对歌舞艺术的产生和发展,起到了非常大的促进作用。我国第一个研究解析文字原始形体结构及考究字源的文字学大家许慎认为,从造字来看,"巫术"的"巫"字像人两袖舞型,与工同意,以此认为歌舞起源于巫术。恩格斯亦曾说过这样的话,原始舞蹈是"一切宗教祭典的主要组成部分"(《马克思恩格斯全集》第四卷)。

据此,从整个人类历史发展的高度去审视,那些已被今人习以为常地视为审美艺术活动的歌舞、绘画、雕塑、建筑等,其起源皆是原始人出于对宗教、巫术的信仰和崇拜而开展的宗教、巫术活动,这是原始艺术的产生和发展的最基本也是最直接的起因和动力。

盆景是一种独特的艺术表现形式,与上述的歌舞、绘画、雕塑等艺术形式一样,它的产生与发展也与宗教有联系。

1973年,浙江余姚河姆渡文化遗址出土了一件万年青陶块(图1)。该陶块呈折扇形,厚5cm,凹纹刻镂烧制,图像为长方形盆,盆内合栽两株万年青,一株3叶,另一株2叶,叶脉清晰。这一出土文物为我们提供了哪些信息呢?有人认为这种栽植于长方形容器内的万年青,是生活在6000多年前的新石器时期的先民们出于对植物的崇拜

> 正是这种独特的多元的博大精深的文化体系，让盆景这种有生命的独特的艺术形式只能产生于中国和中华民族而非其他国家或民族。

图 2 大汶口文化遗址出土的陶尊上的纹样树木

而将其作为方便日益频繁的宗教祭祀活动的祭品。现清华大学教授、博士生导师李树华先生则考证说，长方形图案并非容器，而是圣坛。笔者认为，不管是祭品还是圣坛，以上两种分歧颇大的说法却有一点是一致的，即与宗教有关。另一个典例就是大汶口文化遗址出土的陶尊，其外表留下的清晰的纹样树木图案 (如图 2) 与河姆渡文化遗址留下的万年青图案一样，所表明的都是原始人对于植物的崇拜，都源于宗教。对于东汉晚期建成的望都汉墓中的壁画 (如图 3)，"券门北有'戒火'题字，旁有带方架的盆一，内插红花六朵"，历来颇有争论。韦金笙先生、张德生先生考证说，"戒火'，乃景天的又名，一种植物，古人养于盆中，置于屋上，以求'劈火'"。其实，这也带有一定的宗教色彩。至于晋代 (265~420) 的《佛图澄别传》所载："澄以钵盛水，烧香咒之，须臾，钵中生青莲花。"则非常明确地告诉人们，晋代出现的盆栽荷花，与佛教有着千丝万缕的联系。

正如自然界所有植物一样，在没有遇到能够促使自己基因骤变的条件的情况下，它会沿着原有的生活轨迹和生存模式，一成不变地平淡地消磨着时光，维持着原有的生活状态。毋庸置疑，无论是河姆渡文化遗址出土的陶块上的万年青，还是大汶口文化遗址出土的陶尊上的纹样树木，抑或是文字资料确切记载的晋代出现的盆栽荷花，都不能算作严格意义上的真正的盆景，但却

是盆景的最原始的表现形式。几千年来，这种形式就在一种毫无变化的宗教环境中自我满足着，甚至有些惬意地生活着。然而当宗教环境发生变化甚至是巨大的变化的时候，它会立即挣脱原始的桎梏，毫不犹豫地去完成自身的蜕变，向更高的层级迈进。

中国盆景形成于唐代 (618~907)。其论据是：中国最早的关于盆景的文字记载在唐代；中国第一个制作盆景的人生活在唐代；中国最早的盆景诗出现在唐代；中国最早的盆景的考古发现也在唐代。这是巧合吗? 答曰：非也。

位于中国封建社会顶峰的盛唐，其开明的政治，发达的经济，是盆景艺术形成的基础。然而，更为重要的是唐代发生了一场伟大的宗教革命，从而带来了文化大繁荣。这次宗教革命的重要标志就是完全中国化的佛教，即禅宗，特别是南宗禅。禅宗是佛教的一个流派，有南北二宗。北宗以神秀为代表，主张"渐修"；南宗以慧能为代表，主张"顿悟"；故中国佛教史上有"南顿北渐"之说。后来北宗逐渐势微，南宗几乎成了中国佛教的代名词。禅宗是在对印度佛教的革命中诞生的，它对印度佛教采取了批判与吸收相结合的态度，一方面对佛教进行大刀阔斧地改造，另一方面，又将佛学精华同中国儒、道等传统文化糅合，让它们相互渗透、融会贯通，终成就带有浓厚中国特色的中国化的佛教。著名历史学家范文澜

先生说："禅宗是披着天竺式袈裟的魏晋玄学，释迦其表，老庄（主要是庄周思想）其实，禅宗思想，是魏晋玄学的再现，至少是受玄学的甚深影响"，"禅宗南宗的本质，是庄周思想"（《中国通史》第四卷）。被誉为"现代大儒"的著名学者徐复观先生在《中国艺术精神》一书中曾指出，在中国的

图3 望都汉墓中的壁画

禅学思想体系的形成，极大地丰富和发展了中国传统民族文化，对唐代及其后乃至今日的中国的艺术思想，产生了极为广泛而深刻的影响。

传统文化中，老庄道家思想对艺术的影响是非常大的。道家是中国艺术精神的源头。但是，在老庄道家思想产生的那个年代里，它并没有受到社会的广泛关注和足够的重视，更没有对艺术创作产生过直接的影响。后来，老庄道家思想之所以能够得以发扬光大，客观地说是禅宗起到了不可忽视的重要作用。结合盆景艺术来研究禅宗，其重点应是哲学的、美学的，而不应是宗教的。从哲学思想的角度看，禅宗哲学虽然发扬了道家思想，却并非只是给道家哲学披一件佛学袈裟，更非道家哲学的翻版。它是在佛学精华中融入道家哲学，建立起既有道家哲学又不同于道家哲学的独立的特色鲜明的禅学思想体系。正是这种独特的多元的博大精深的文化体系，让盆景这种有生命的独特的艺术形式只能产生于中国和中华民族而非其他国家或民族。由此，可以说禅宗的形成和发展，造成了唐代文化的跃进，形成了丰富多彩、博大精

深的盛唐新质文化。盛唐新质文化的成就和影响力，举世罕见。从河姆渡、大汶口文化时期到唐代，期间经历了数千年，盆景的初期表现形式都没有发生质的变化。而只有到了盛唐时期，当盆景的初期的表现形式遇上了盛唐的新质文化，盆景艺术才真正地形成。也就是说，作为盛唐新质文化的重要标志的禅宗文化义不容辞地承担起了让盆景从原始模式向盆景艺术基因转变的历史重任。

禅学思想体系的形成，极大地丰富和发展了中国传统民族文化，对唐代及其后乃至今日的中国的艺术思想，产生了极为广泛而深刻的影响。曾有学者极其深刻而又毫不客气的一针见血地指出，如果对禅宗思想不甚了解，那就无法完全深入理解中国的艺术精神。此说并非夸张。今天，当我们将盆景艺术极有分寸而又巧妙地融入探寻禅学奥秘之中时，你定会越来越深刻地理解盆景艺术与禅学之间的密切关系。

浅谈重庆盆景艺术
On New Style 新风格
City Penjing Art of Chongqing

文：彭建 Author:Peng Jian

重庆盆景艺术新风格——是重庆盆景艺术家们遵循"川派"盆景艺术风格，去粗取精，去伪存真，完善地追求重庆人自己的个性。形成特有盆景艺术风格。

盆景是诗、是画、是园艺、美学等综合门类和技艺交融结合而成的一门综合社会学科，是自然美和艺术美融为一体的一种艺术形式。它源于自然又高于自然，是"无声的诗"、"立体的画"。

重庆盆景艺术新风格——是重庆盆景艺术家们遵循"川派"盆景艺术风格，去粗取精，去伪存真，完善地追求重庆人自己的个性。形成特有盆景艺术风格。

一、重庆盆景艺术新风格孕育的必然性

重庆——中国最年轻的直辖市，地处长江上游，位于中国东部经济发达地区和西部资源富集而相对经济落后地区结合部，是中国西南地区和长江上游的经济中心。随着重庆直辖以后，重庆花卉盆景市场全面开放，各流派盆景艺术风格蜂拥而至，使盆景市场五彩缤纷，百花齐放。给重庆盆景艺术家们提出了新的挑战。

重庆盆景艺术家们沿袭传统"川派"盆景艺术风格，以独特的思维去理解观察自然景观来指导盆景创作。以重庆人特有的执著热情，雄壮豪放的艺术思维，渗透到盆景创作领域，不断探索和创作艺术个性。再不受古老"川派"盆景艺术的条条框框束缚，把创作环境、资源优势紧紧地结合一起，把创造的个性化融入创作手法来提高盆景的艺术品格。在全国专业盆景大赛中较为影响力和极其代表重庆风格的山水盆景："三峡雄姿"、"大江东去"、"巴山渝水图"、"涂山秋眺"、"长江之歌"、"乌江画廊"和树桩盆景"探海"、"祥云"、"华冠"、"层云叠翠"、"承欢膝下"、"大树风范"、"山城畅想"、"花花公子"等，无疑是对重庆盆景艺术个性化、风格化的认定。

特别是重庆直辖以来，重庆人民政府成功地举办了几次大型花卉艺术博览会和专业盆景评比赛，直接把盆景艺术推向了新的发展空间，筑建了重庆盆景艺术新风格的展示平台，形成花开重庆、香溢西南、花舞山城、共舞辉煌的可喜局面。逐步使重庆盆景艺术向全国乃至世界敞开了一扇窗口。

巴山渝水灵气尽显，现代气息扑面而来。这不得不使重庆盆景艺术锤炼孕育形成完整的、独特的重庆盆景艺术个性化、风格化的必然性。

二、重庆盆景艺术新风格理论形成过程

以成都、重庆为代表的盆景艺术流派，简称"川派"。"川派"盆景艺术相传于五代，始行于成都，以后传到川东、重庆一带。川派盆景造型特点，既有一定规律，又变化多姿，既有规则式，又有自然式，其艺术风格是古雅奇特，悬根露爪。

重庆盆景艺术个性和地方风格，它同其他流派艺术一样，历经了造型风格上由"简"到"繁"、由"繁"到"简"的过程，仍然依据国画画理"景物近画，画意天然"原理，不断总结，不断提炼，最终形成完整的理论体系。

重庆盆景的艺术个性和风格是老一辈盆景艺术家周明、舒艺龙、马培等，他们在沿袭"川派"盆景艺术、创新艺术风格上所提出的新观念、新思想。

特别是马培先生在50多年从事盆景艺术理论研究和盆景技艺的教学中，对"川派"盆景的范围、立意构思、布局、意境、创作手法，题咏等进行了较为全面的总结研究。结合重庆自然环境，盆景选材用材实际，乃至重庆人个性化特点，大胆地提出了"重庆盆景发展之路"、"发展重庆自然式树桩"、"论成、渝两地规划式树桩盆景的同与异"、"走继承创新之路，提高重庆盆景艺术水平"等学术性论述，初步使重庆盆景艺术逐步形成为"浑厚自然、苍劲雅致"个性化独特艺术风格，并在立意、构思、选材布局、制作技艺等方面都与"川派"盆景艺术风格有所本质的不同。

与此同时，马培先生借鉴中国山水画画理、理论，指导创作山水盆景，提出了"山水盆景布局八法"、"论重庆山水盆景艺术特色"和"山水盆景之意境"等论述，并亲自指导学生实践和创作。使重庆山水盆景实现了"粗犷厚实，雄壮豪放"的艺术个性，实现了"粗犷中不失细腻，统一又富变化，气势凝重，自然生动，神形兼备"独特的山石盆景艺术风格。使重庆山水盆景在国内重大展览中多次荣获大奖。推动了中国山水盆景从"写意"到"写时"、"写意"并重相结合的理论依据。对中国山水盆景立意、布局、意境等理论的奠基作出了重大贡献。

老一辈盆景艺术家们实践的重庆盆景艺术个性、风格，无疑构建地方盆景新风格的理论形成过程。正如法国艺术家罗丹所说："在艺术中有个性的作品才是最完美的……"。

三、独特自然环境构建重庆盆景艺术个性化

重庆简称渝，是具有3000多年的历史文化名城，秦汉时为巴国首府，南宋更名重庆，抗战时期成为"陪都"，现随着国家三峡工程的实施而设立直辖市，已成为中国西南地区最大的工商业城市和经济文化中心。

重庆市盆景艺术资源库十分丰富，市境内金佛山、缙云山、四面山、武陵山等原始森林和风景名胜区汇集南北东西植物资源千姿百态，古朴原始，秀雅神奇；长江、乌江、嘉陵江欢腾交汇而过，自然景色，美不胜收。

近20年来，重庆盆景艺术家们坚持以巴渝风格特色："浑厚自然、苍劲雅致"，"粗犷厚重、雄壮豪放"。重庆盆景风格理论体系，以中国画画理"山石法"：石法、山法、皴法、点苔法；"树法"：树干法、树叶法、丛树法、芦竹法；以及"云水法"、"点景法"、"大章法"、"小章法"为基本理论，坚持师法自然，学习和借鉴重庆自然社会、物体景观；勇于探索和实践，以丰富的想象力和艺术的夸张手法，审视自然美，师法造化地取舍，剪裁提炼自然景观，支配制作意识，创作技艺以及盆景美学思想，逐步形成了重庆人创作盆景的个性化，增强了重庆盆景艺术的地方特色。

四、吸众家所长，开创重庆盆景艺术新风格

重庆盆景的诗情画意乃天趣、节奏、韵味的融合体，也是客观自然景观，主观的思想灵性与艺术神韵的审美追求相统一的集合物，是民族特色和行为科学的艺术精髓。重庆盆景地方风格是指通过重庆盆景艺术家们在其创作的盆景艺术作品中所表现出的总的艺术特色和创作个性，它只能在各派别的盆景艺术交流中表现出来。

要开创重庆盆景艺术新风格，我们除建立和完善重庆盆景艺术个性化、风格化理论体系的同时，进一步加强对重庆盆景"浑厚自然、苍劲雅致"，"粗犷厚重、雄壮豪放"理论精髓的学习，学习，再学习，领会，领会，再领会。以积极的科学的态度，正确审视和学习"川派"盆景以及其他流派盆景艺术风格，吸取各派之长，去粗取精，去伪存真，努力培养共筑重庆盆景艺术个性化风格的责任感、紧迫感，沿袭创造个性化特色，创造性地追逐盆景艺术新的领域；要开创重庆盆景艺术新风格，在很大程度上我们还须加强对盆景文化、盆景理论以及文学、美学、园艺等综合知识的再学习，不断补充自己文化艺术综合修为，努力拓展自己的审美思想，创作热情和技能，丰富自己创作的感情色彩，努力达到创作"心景合一，形随意定"的艺术思维；要开创重庆盆景艺术新风格，更重要的是我们要在盆景制作中，重识自然社会，理解独有物体，包括主体、材料、表现手法、造型艺术以及意境、神韵的创新上探索一种既体现盆景艺术的完善，又体现盆景个性化、风格化上下工夫，从而丰富作品内容，体现地方文化内涵的艺术风格。总之，以独特的创作思想、创意手法，反映意境，谱写重庆盆景艺术新风格壮丽的篇章。

"群帆竞渡，相互促进"，愿重庆盆景艺术以独特的个性风格走向中国，走向世界……

纵观重庆地区无处不山，无处不水，山山青山含黛，绿山拖兰，到处崇山峻岭，浮岩幽壑，悬泉飞瀑，构建了重庆盆景的气势磅礴，刚健挺拔，清雅秀丽，精巧幽静，崇山峻岭的地方特色。特别是重庆盆景制作的优秀材料之一的山城杜娟，叶小花艳，四季常绿，集观赏价值、艺术价值、经济价值于一身，可谓盆景上乘材料；再加上重庆地区广为皆有色泽清晰、皴法多变的龟纹石，更显重庆盆景独有的个性色彩。

作者简介

郑永泰，现任中国风景园林学会花卉盆景赏石分会副理事长，广东省盆景协会副会长，2011 年被中国风景园林学会花卉盆景赏石分会授予"中国盆景艺术大师"称号。

文" 郑永泰 Author: Zheng Yongtai

浅谈中国盆景特色的推广

On Popularization of China Penjing's Feature

中国虽然是盆景的发源地，但由于种种历史原因，中国盆景发展缓慢，直至改革开放以后才得以复兴，加之与国外的交流较少，导致国外对中国盆景的特色并不是很了解。国外的一些盆景爱好者对中国盆景的印象还停留在技术落后、年功短、做工粗放等印象上。而且由于传统文化、审美理念、审美习惯等方面的差异，一些国外的盆景人本来就难以真正理解中国盆景的内涵、意境。

日本盆景的特点是严谨而显年功，在造型方面多为正三角形、半圆形等几种形式，比较直观，容易模仿而又迎合了欧美的审美观念，加上注重对外传播推广，所以在世界范围内产生了较深的影响。而中国盆景艺术的特点，在我看来，一方面就是多种多样，中国的盆景树种多样、风格各异、造型千变万化，盆钵、几架也有很多种类，同那些单调的模式化相比，中国的不同之处最明显的就是"多样化"；另一方面，中国盆景"诗情画意"的内涵是在世界上其他任何一个国家的盆景作品没法比拟的，这是中华文化的浸润，是中国诗歌、绘画引申到盆景中的一种体现。

"诗情画意"这个词对于国外的盆景界人士来说，如果没有对中国的文化的深入了解，是很难体会的。即使是土生土长的中国人对"诗情画意"的理解也会因其素养、悟性、联想能力的差异有所不同，"诗情画意"作为中国盆景艺术审美理念的最高境界，有着"画在画外、景在景外"的无限想象空间，例如在我看到盛定武创作的盆景作品"大江东去"时就自然联想到"滚滚长江东逝水，浪花淘尽英雄。是非成败转头空，青山依旧在，几度夕阳红……"的词句，而引起无限感慨。当然正如"一万个读者就有一万个哈姆雷特"一样，不同的人来欣赏可能就有不同的感受。可是中国盆景的意蕴不正是在这无尽的联想中而内涵深刻、独具韵味的吗？当然，我们不得不承认中国盆景这种审美内涵确实很难找到形象的具体语言来描述与宣传，故被称为无声的诗歌，所以除了直观的视觉形象之外，更多的是需要不断地交流、沟通来达到一种审美上的共识。另外，我认为我们还可以通过视觉上的线条美构成的结构美，并由结构美中构成的魅力无限的空间来阐释中国盆景的文化内涵。

除了中国盆景的特色对于国外的盆景爱好者来说难以理解之外，我认为中国盆景的特色没有得到广泛的认可

也源于以下几点的不足：首先是把盆景作为文化艺术，追求盆景的内涵、意境还未真正得到共识；其次，表现出"诗情画意"的优秀盆景作品还不是很多；第三，能走出去在世界的舞台上演示中国盆景特色的示范表演者太少；第四，媒体的对外宣传欠缺，我觉得《中国盆景赏石》这本书能用多种语言来刊行，实际上就是中国盆景艺术以媒体形式走出去的开端，但是我们应该期望有更多的着眼于中国盆景特色的书刊走向世界；第五，请进来的工作还没有全面地展开，我们应该通过在中国举办大型的、世界性的盆景展览的机会，让国外的盆景爱好者了解中国盆景、认可中国盆景、学习中国盆景，2013年在中国举办的三次世界性盆景展览会为展示中国盆景特色提供了平台，我们要借此机会大力宣传中国盆景的特色，首先，我们要展示出多种多样的具有中国特色的优秀作品，给国外的参展者一种视觉上的冲击，让国外的盆景界人士了解中国盆景艺术现在的发展水平；其次，在我们的示范表演中，可以尽可能地讲解一些诸如"留白"、"意境"等中国盆景的传统元素；再次，还应该对一些典型的优秀作品进行讲评，说明作者通过造

型还想表达一些什么，或者观者能感受到什么。通过简单启示，让参观者能感受到景外的一些东西，也就是意境。

中国盆景的特色需要被推广、值得被推广、应该被大力推广，不仅仅是在2013年的三大国际性盆景展览会上，也应该是从点点滴滴做起，有媒体的大力宣传、有专家的特别研讨、有盆景作品自身的表现、有盆景示范表演者亲力亲为的推广……我相信通过中国盆景人在各个方面的努力，有一天中国盆景的特色会走到世界上每个国家、每个地区、每个盆景人的心中，他们学习用中国的审美观欣赏中国盆景，他们惊叹中国盆景中的无限奥妙，他们喜爱并乐于学习具有中国特色的盆景。

INDUSTRIAL ERA

工业时代的盆景艺术
——谈岭南盆景的发展方向

文：黎晓玮 摄影（树图）：陈家劲　Author: Li Xiaowei Photographer(Trees' photos): Chen Jiajin

图 1 惠斯勒《画家的母亲肖像》（图片来自网络）　　图 2 网状结构树桩

现代化的中国有世界工厂之称，制造业的发达使我们进入了工业化生产的时代，工厂里面的工人犹如一颗颗螺丝钉整齐划一地驻守在岗位上，鸟瞰工厂的分布规模，如一幅具有抽象美感的图画。在西方的工业时代中，产生了一批具有实验精神的艺术家，他们把自己称为先锋艺术家，把自己的作品称为实验艺术，他们通过抽象绘画、装置艺术、行为艺术等来探索艺术表现的多种可能性，呈现出多样的表现形式，进而达到拓展个人艺术语言的目的。

在中国当代艺术圈里，也不乏以当代社会为蓝本而创作的各种形式的作品，技术手段的发达使得媒介的问题再也不是一个难以逾越和难以让人接受的问题。在盆景艺术世界中，艺术家们也在努力地做着相同的事。观看当代岭南盆景展，盆景的形式已不再限制于固有的老样式，盆景界很热闹，在新与旧的艺术形式相接过程中，所有的争论都掩盖不住灵感的迸发，固有的审美情趣暗含着僵化的危机，新趣味并非无本之木，它生长在大工业时代中，吸收着传统的营养，在拓展传统形式的基础上，当代岭南盆景经过了几个发展时期: 抽象主义盆景、超现实主义盆景和实验盆景。

图 3 雕塑般厚重的树桩

图 4 达利《内战的预感》（图片来自网络）

Penjing Art in the Industrial Age
– On the Direction of the Development of Lingnan Penjing

抽象主义盆景

在当代岭南盆景中,形态怪异的树桩已不是新鲜之物,艺术家早在十年或更早之前便不满足于对固有形式的不断完善,奇异的树桩形态让人浮想联翩,对固有审美形式的不满,以及与此同时西方审美趣味给盆景艺术家们带来的强烈视觉冲击,审美思潮的碰撞让奇思妙想和瞬间的灵光一闪得到了验证的土壤,艺术家们开始思考,我们可以像惠斯勒一样,在创作母亲的肖像（图1）时,考虑的更多是肖像与空间之间的关系,把重点放在研究画面构图的平衡和形式美感上吗?答案是肯定的,探索

新的表现形式是时代潮流的大势所趋,丰富的审美经验和扎实的技术功底能使探索更为得心应手。

抽象盆景的表现同样具有主题方向,艺术家在创作前对树桩进行类型分析,具有类型特征的盆景必须用纯艺术的眼光来审视,方可领略其中的奥妙,如:盘枝结节、枝条呈网状的树桩具有符号化特征（图2）;枝条厚薄对比鲜明,组织具有聚散分布特点的则带来轻重对比的画面感;雄厚却起伏变化丰富的树桩则带有雕塑般的视觉感受（图3）等。在抽象主义盆景中关注的是作品的形式美感、表现力和视觉冲击力。

图 5 具有造型张力的超现实主义盆景雏形

超现实主义盆景

　　有时并不是每个好树桩都能被发现, 这不但关系到艺术家的眼光, 更关系到艺术家的个人审美取向; 有时一个平凡的树桩看似不具任何特色, 但经过具有闪光的思想点缀, 却能发出别样的光芒; 有时树桩甚至可以表现潜意识的价值观, 这是超现实主义盆景带给观者的一些感受。树桩是一个活生生的个体, 是艺术家投入丰富想象力的载体, 如果把"主义"放在作品创作之前, 那么树桩即转变为一个创作"元素", 艺术家手中掌握着各种各样的"元素", 如何让这些"元素"经过有效的组织, 而成为一件艺术品? 艺术家有的是妙招。超现实主义大师达利用手和脚的拉扯动作组成了一幅名为《内战的预感》(图 4)的作品, 在盆景的表现中, 艺术家也掌握了一些有效的物理知识以让作品呈现出力量之感, 这是一种张力表现的手段, 也适用于表现作品传达的深层心理感受(图 5)。在超现实主义盆景中, 象征意义是表现的重点, 在创作这些作品时, 艺术家关注的不仅是画面和想象力, 他引入了个人的幻想, 借用现代意识流作品的说法, 作品是潜意识的反应, 作者在选取树桩时受到潜意识的审美经验影响同时受到社会生活经验影响, 使得一位成熟的艺术家能不断地更新他的审美感受, 挖掘更有力的表现形式, 他说的是关于社会生活、潜意识中的故事, 艺术作品起到了表现社会生态景象的作用。

实验盆景

　　实验盆景是一个新的概念, 是一种联系当代艺术表现形式进行表现的拓展形式。参考当代装置艺术作品的创作思维, 结合新媒体技术进行表现的新模式。装置与盆景都是一种空间中的艺术, 观者必须置身现场方能体会作品的表现意图, 装置作品融入了各种媒介的艺术表现手段, 使其具有更突出的现场效果。在实验盆景的概念中也融入了这些设想, 特别是声音艺术的运用, 把声音艺术融入盆景的表现中(请注意"声音"与"音乐"的区别), 这将会表现出更为不同凡响的盆景作品, 使盆景的意境表现更为多层次, 强调现场作品带给观众的感官感受。实验盆景的方向是把盆景融入当代艺术大潮之中, 使盆景的艺术语言得到更为广泛的拓展, 同时也让我们的盆景艺术家更进一步打破固有的程式, 展现出对艺术表现方式的更深一层思考, 这将更有利于盆景艺术的传播和吸引具有新媒体技术的青年艺术家加入盆景艺术的创作中, 为盆景艺术的传承拓展铺出新道路。

　　艺术家的思考离不开外界事物的触动, 在这个工业技术得到迅猛发展的时代中, 艺术家的作品必然会受到时代潮流的冲击, 如何传承时代经典, 在新时代发扬国粹精品的精神内涵, 结合多样化的技术手段让古老的艺术焕发新面目、展示新面貌、融入现代人的生活中, 这是艺术家必须肩负的历史责任, 也是每一个时代的艺术家推陈出新的动力。

浅谈盆景的艺术价值与经济价值

文、摄影：黄建明 Author/Photographer: Huang Jianming

Talk About Art Value and Economic Value of Penjing

作者简介
黄建明，中国盆景艺术家协会会员、安徽省安庆市盆景艺术研究会副会长。

有人认为，花大价钱买的盆景一定好，也就是说价格高其艺术价值就高，笔者认为完全用价格高低来衡量一件盆景作品的艺术价值，有失偏颇。现就盆景的艺术价值与经济价值，谈几点我的浅见及认识。

一、盆景的交易价并不完全体现其艺术价值

盆景同古玩字画一样同属艺术品，都是商品，商品的价格是受市场需求变化而波动，价格并不能完全体现出其实际价值，而艺术品则更为明显，一件作品的艺术价值是稳定的，也是永恒的（指已成型的作品），但它的市场价格却在波动，无论价格怎么变化，都不会改变其应有的艺术价值，因此，价格就不能完全体现出它的真正艺术价值，当然好的作品一定会有一个好的价格，但不等于说卖了高价就一定是好东西，同样即使你花大价，也未必买的就是精品，花5000元人民币买的不如花1000元人民币的例子并不鲜见。徐悲鸿的马、齐白石的虾、傅抱石的山水，在战争年代能值几个钱，但在当今盛世，哪一件不值几座豪宅，这种不同时期的价格变化，丝毫不会改变其原有的艺术价值。就如现今的歌星，一首歌所赚的钱，要比好几位老歌唱家一生演出的报酬还多，难道这些歌星的艺术才能就高于那些老艺术家？恐怕不能这么理解吧。

二、炒作不等于实际价值

高价盆景的出现是人为炒作的结果，少数怀有私利的一些所谓的名人大师的起着相当大的作用，盆景界也有"流行"现象，如近几年"松柏股"看涨，因此，许多人跟风"追涨不追跌"，导致只玩松柏，嫌弃杂木，导致松柏盆景的价格一路飙升，无管是成品，还是半成品，又或是刚下山的坯材，甚至是走私进来的水货，无论条件优劣，制作水平高低，交易价都远远高于同体量的杂木，这就是现代市场经济的现实反映，有需求，就有供给，这种现象是否就可以证明松柏盆景的艺术价值就高于杂木？恐怕不能简单的下这个结论吧，萝卜白菜各有所爱，有经济实力，不惜重金购买你喜欢的盆景，可以理解，也是好事，至少对盆景事业起到了推动作用，但请想一想你所花的钱是不是物有所值，爱盆景，首先必须心中有树，不仅要考虑性价比，重要的是你为什么选它，是品种、大小还是其他什么地方吸引了你，切不可人云亦云，盲目地"瞎投注"，一定要有自己的主见。

我认为盆景的艺术价值体现在以下3个方面：

1.不在于品种，过去的"凤舞"树种是榕树，"丰收在望"树种是柽柳，在今天看来其艺术感染力，还是值得学习和借鉴的，这也正说明了盆景的艺术价值不是靠品种、大小、古怪的造型来体现的。古人云"善书者不择纸笔"，小孩子字写不好是不能怪纸笔不够高档的。

2.不在于大小，盆景是缩龙成寸的艺术，体积太大，违其宗旨，也就不能称之为盆景，而应称作池景或者园林景观树。

3.不在于花钱多少，花钱再多，选错了素材，也是枉然，不能只买贵的，不买对的。盆景尤其是树木盆景，它们最后要达到的艺术效果是：一副自然风景画，一棵自然优美的大树。一件真正称得上精品佳作（不论品种）的经济价值会随盆龄的增长会大幅升高，因为山采的盆景资源越来越少，它们每件都体现出独特的形态，没有完全一样的作品，由此难得而珍贵。

三、艺术价值（精神）永远高于经济价值（物质）

盆景是精神产品，同其他文娱活动一样，既不能饱肚，也不能御寒，但它比物质产品的潜在能量更大，它能充实人的精神生活，无论你是处在何种年龄段，只要爱盆景，就不会寂寞。盆景艺术的真正价值，并不在物质层面上，而应体现在精神文化层面上。花天酒地，只能给人带来短暂的兴奋与快感，要想始终拥有快乐、健康的心态，就必须有一项自己喜欢的文娱活动，这样才能丰富物质精神生活。

扶芳藤 施洪源藏品

榆树 吴永元藏品

榆树 唐立新藏品

"双雄竞秀" 九里香 *Murraya exotica* 陈伟藏品
（见《中国盆景赏石·2013（古镇）中国盆景国家大展》第1页）

"双雄竞秀" 九里香 *Murraya exotica* 高 92cm 宽 168cm 陈伟藏品 苏放摄影
"Heroic Duo Contend for Beauty". Jasminorange. Height: 92cm, Width: 168cm. Collector: Chen Wei, Photographer: Su Fang

点评 Comments ▼

"Heroic Duo Contend for Beauty". Jasminorange. Collector: Chen Wei
(See *China Penjing & Scholar's Rocks* 2013 (Guzhen) China National Penjing Exhibition, Page 1)

文：李新 Author: Li Xin

这件作品我曾在不同展场见过多次，每次都被其精干奇崛的变化感染并留有印象。而此次在中山古镇的再度出场，则是历年来品相最好的一次，树冠愈发苍古繁茂，完整自然，青翠的叶片缀满枝头，生机盎然，垂曳婆娑，扶摇伸展之间大气尽显，可谓"古茂深奇，雄秀兼备"，观之使人振奋。

从局部推敲，它的根盘不算上好，右侧斜起指向盆外的根茎直硬突兀，好在此作通体均呈险峻夸张之势，因而能够与之协调交融，契合统一。自整体审度，它的外部轮廓尤其自冠顶而下的右侧线条略呈拘谨之态，层次变化较为单一，精谨有余，舒展纵放不足，在整体布局和气韵表达上还有提升改进的空间，是为微瑕。

所谓"古茂"，乃指此作无论树干还是整体形态的塑造，都为观者呈现了一棵历尽沧桑却依旧繁荣茂盛的大树形象，青绿之中有古意；围绕此一"古茂"，该作将左右两端枝条向下倾垂，尤其在树干后方，着意留蓄数方叶片，与前方垂挂的枝条相互掩映，因而愈见其"深"；此外，它通畅完整但又格外遒劲的树干也是极大看点，曲折跌宕，流贯蜿蜒，犹似游龙，呈雄奇昂扬之势；以上古茂、深厚与雄奇特质，在疏密有致、轻盈宛转叶片的穿插、引领和交织下，又统呈为活泼灵秀的姿容，让人啧啧称奇。

I have seen this piece of artwork several times in many exhibitions. Every time, I was touched and impressed by the compact but highly trained, peculiar and rising change. And the appearance at Guzhen of Zhongshan has shown its best conditions for the recent years. The growth of tree crown has shown more ancient, flourishing, complete and natural. The green leaves are decorated on the branches with vigor. And the magnificent and graceful nature shows between the flickering dance and spreading posture. It can be described as "ancient and luxuriant and unique, magnificent and beautiful". Visitors will be thrilled by what they see.

For the partial deliberation, its base is not the best one. The rhizome at the right side slantingly pointing out of the pot is stiff, hard and abrupt. Fortunately, the whole piece of work presents a precipitous and exaggerated posture, so it can be coordinated, harmonized, matched between each other and uniform. According to the overall review, the external contour profile, especially the right lines from the crown top down shows a slight overcautious gesture. The variation of gradation is relatively simple with superabundant prudence and insufficient stretching and indulgence. There is still space for improvement in respect of the overall layout and expression of artistic conception and that is the little flaw.

The so-called "ancient and flourishing" means the work shows the figure of a big tree through the ages but still flourish for visitors, there's ancient meaning among the viridescence, no matter the trunk or the overall shape. To achieve the effect of "ancient and flourishing", the artist made both sides of left and right branches downward sloping, and reserved some leaves deliberately, especially behind the trunk, for reflecting with the branches hanging the front to highlight its "profoundness"; moreover, the smooth, complete and vigorous trunk is also a great watching focus, the twisting ups and downs and through-flowing zigzag is like a flying dragon with the powerful, unique and high-spirited gesture; the above-mentioned features of ancient, flourishing, profound and vigorous have been uniform and brought out the lively and delicately beautiful appearance by using the graceful leaves of proper density for alternating, guiding and interweaving. Visitors are so amazed at its uniqueness.

"霓裳紫带志凌云" 紫薇 *Lagerstroemia indica* 张华江藏品
（见《中国盆景赏石·2013-6》43页）

"Reach the Cloud with Colorful Cloth and Purple Ribbon".
Common Crapemyrtle. Collector: Zhang Huajiang.
(Page 43 of *China Penjing & Scholar's Rocks* 2013-6)

文：陈洪奎 Author: Chen Hongkui

中华文化源远流长，很早就总结出"阴阳变化"这一规律。国人"以曲为美"的审美习惯和趣味，也是出于阴阳变化的哲学观念。太极拳则是以阴阳变化之理派生出的"守中有攻"的击技和"柔中带刚"的健身术。

这盆紫薇盆景，以虬曲运动的姿态气韵，俨然展现一位太极拳高手形象，他在闪转腾挪、挥臂舞掌的运动之中，表现了刚柔相济之美，诠释了阴阳变化之理。

虬曲之美，动态之韵

树干弯曲扭转，扶摇向上，从"C"形再到"S"形，树枝起伏波折，多方伸展。整体线条，自然流畅，动态强烈。

欲右先左，有放有收

主干先向左斜，然后慢弯回转向右、向上；各主枝也随之左收右放，上下协调，皆展现着运动形态和方向性。右侧第一主枝出枝点在树干"C"字形上端，恰到好处，从此向下、向右形成了夸张性大飘枝，自然而畅顺，极具气势美。

柔中带刚，动中平衡

作品姿态虬曲，动态强烈，但不柔弱，不失衡。其庞大隆基，壮阔根盘，抓地有力，象征了坚定脚根；其多曲的树干粗壮而苍劲，象征了刚健躯体。树干左去而

"霓裳紫带志凌云" 紫薇 *Lagerstroemia indica* 高 120cm 宽 100cm 张华江藏品 苏放摄影
"Reach the Cloud with Colorful Cloth and Purple Ribbon ". Common Crapemyrtle.
Height: 120cm, Width: 100cm. Collector: Zhang Huajiang, Photographer: Su Fang

右回所形成的 "C" 字形，是动态之中求平衡的生物物理结构。主枝的左短右长，左轻右重，尤其大飘枝，皆是动态平衡的自然和谐的美观造型。

自然之理，人为技艺

作品题名为 "霓裳紫带志凌云"，但展示的照片只是岭南的 "脱衣寒枝" 形式。其实，紫薇的叶、花也很美，且能表现四季变化，值得一说。紫薇春芽红色，夏叶绿色，晚秋老叶又变成红色，充满了变化之理。紫薇先叶后花，花虽细小，却能逐步开放，积少成多，积小成大，营养制造和消耗趋于平衡，故可花开百日。园艺人根据其营养生长与生殖生长平衡之理，对紫薇进一步实行技艺，随时剪除残花，不让其结籽，同时剪短老枝、长枝，让其节省营养，再生短枝新叶，并多次大量开花，形成树冠紧凑、枝叶丰满、花朵繁密的形态，从而符合盆景的要求。

一盆紫薇盆景，不仅让我们欣赏到了自然美、艺术美，也学到了哲理和自然科学知识。可见，盆景确实是多边学问。

另外，提两点参考意见：第一，岭南盆景的 "脱衣" 形态，既然是 "寒枝" 的表现，盆面便不能绿苔茵茵；第二，树根暴露过度，会削弱壮美，降低力度。

Have summed up the rule of "Changes of Yin and Yang" in quite old times, we have the long history of the Chinese culture. The aesthetic habits and interests that Chinese people regard graceful curve as beauty also start from philosophy concepts of the Changes of Yin and Yang. The punching branch with keeping in attack and the soft with hard bodybuilding of which Chinese Shadow Boxing (Tai Chi) that is derived from as the theory as the changes of Yin and Yang.

This pot of Crape Myrtle shows a Tai Chi master's image in a posture and charm of twisted movement and the beauty combined with hard and soft among the movement of flash turning and moving a room, arm swing and dancing palm, which interpret the truth of changes of Yin and Yang.

The beauty of twisting, the artistic conception of dynamics

The trunk bends with twisting while rising directly to a high position from the shape of "C" to the shape of "S", the branches rise and fall with twists and turns and stretch in every way. The whole line seems to be natural and spontaneous and the intensity of dynamic.

To right but to left first, have it released and restrained

The trunk first leans to left then slowly turn back to right and up

with which every main branch also collects on the left and spreads to right, coordination from top to bottom to shows the movement patterns and directivity. The position of the first branch on the right lies on the top of the shape of "C" on the trunk, which is to the point. It formed an exaggerated floating branch with natural and smooth, and is very magnificent beauty.

Soft with hard, moving in the balance

The work's posture is twisted and the intensity of dynamic, but without effeminacy and imbalance. Its huge prominent roots and vast root basis grabbing the ground symbolize a firm foothold; its multi curved trunk with thick and strong and vigorous symbolize the vigorous body. The trunk goes to left but back from right forming the shape of "C" which is biological and physical structure of requiring balance among the dynamic. The short and light on the left and the long and heavy on the right of the main branch, especially the big floating branch are an attractive appearance of a dynamic balanced nature and harmony.

The theory of nature, human skills

This work entitled "Reach the Cloud with Colorful Cloth and Purple Ribbon", but the picture shows only the form of "taking off its leaves while coming out the cold branches" of the Lingnan style. In fact, the leaves and flowers of Crape Myrtle are also very beautiful and show the changes of seasons, it is worth saying. Spring bud of Crape Myrtle is red and its leaves are green in summer, the old leaves become red color in late autumn, which is full of the truth of changing. Crape Myrtle first leaf out then flower, although the flower is tiny, it can come into bloom step by step, many a little make a mickle, it tends to balance between nutritional manufacturing and consumption, so it has an excellent blossom for hundred days. According to the equilibrium theory of the vegetation growth and reproductive growth, the gardener carry out skills further on Crape Myrtle, to cut off the withered flowers and they don't let it produce seeds while cutting back old branches, long branches so that it can save nutrition and put forth short branch and new leaves, produce lots of blossom many times as well. It can form the shape of compact canopy, luxuriant foliage and spreading branches and dense flowers in order to meet the requirements of Penjing.

A pot of Crape Myrtle not only make us appreciate the beauty of nature and art, but make us learn philosophy and the knowledge of natural science. It's thus clear that Penjing is indeed a multilateral knowledge.

Moreover, I'd like to put up two suggestions for consideration. First, with regard to the shape of "taking off leaves" of Lingnan Penjing, since it's showed the "cold branches", the pot surface can't be covered too much green mosses. Second, excessive exposure for the root can weaken the splendor and reduce intensity.

Dance in Clouds
Beautiful & Charming

舞动云间
多姿多韵

文、图、制作: 张志刚
Author/ Photographer/ Processor: Zhang Zhigang

舞动云间

图 1 正面树照
"舞动云间"黄山松 高 22cm
宽 32cm 荣获第八届中国盆
景展览金奖
The tree on the front side
"Dance in Clouds," *Pinus
taiwanensis*, Height 22cm,
Width 32m, Gold Medal
of the 8th Chinese Penjing
Exhibition

制作者简介

张志刚，1975 年 1 月生，山东寿光人，现居安徽黄山。国家一级注册建造师，风景园林工程师。

现为中国盆景艺术家协会理事、BCI 国际盆栽俱乐部会员、中国风景园林学会花卉盆景赏石分会盆景委员、黄山市花卉盆景协会副秘书长，黄山歙县志刚盆景艺苑园主。

1994 年始追随中国盆景艺术大师贺淦荪教授系统学习动势盆景八年，对松柏盆景、杂木盆景、树石盆景、山水盆景均有深入研究。其盆景作品形式多采，不拘一格，雄秀兼备，意趣天然，并多次在国展中获高奖，其中"春潮澎湃"荣获"第八届亚太区盆景赏石博览会"金奖。

2004 年被中国盆景艺术家协会授予"中国杰出盆景艺术家"荣誉称号，2011 年被中国风景园林学会花卉盆景分会授予"中国盆景高级艺术师"荣誉称号。

About the Author
Zhang Zhigang was born in January of 1975 in Shouguang city of Shandong province, now lives in Huangshan city of Anhui province. He is the National First-class Certified Architect and the landscape engineer.
Now, he is the director of China Penjing Artists Association; the member of Bonsai Clubs International; the Penjing Committee Member of Chapter of Flowers, Penjing and Artstone, Chinese Society of Landscape Architecture; the deputy secretary-general of Huangshan Flower & Penjing Association; the owner of Zhigang Penjing Art Park in She town of Huangshan City.
He had followed Chinese Penjing Master He Gansun to study dynamic Penjing for 8 years since 1994, and made deep researches on pine and cypress Penjing, Jiamu Penjing, tree-rock Penjing and landscape Penjing. His Penjing works have various forms, styles of power and mildness, and natural fun, and have obtained great prizes for many times in the national exhibitions. In which, "Surging Spring Tide" won the gold award of "The 8th Asia-Pacific Bonsai and Suiseki Exhibition".
In 2004, he was awarded with the honorary title of "Outstanding Chinese Penjing Artist" by China Penjing Artists Association. In 2011, he was awarded with the honorary title of "Chinese Penjing Senior Artist" by Chapter of Flowers, Penjing and Artstone, Chinese Society of Landscape Architecture.

2

图 2 切芽前的树相，针叶茂密，头重脚轻，比例失调，盆景的韵味无法显现（2012 年 7 月 11 日拍摄）
The shape of tree before bud cutting, which have dense needles, top-heavy, disproportion, and without charm of Penjing (shooting on July 11th)

3

图 3 切芽 40 天后，二次芽已吐蕊，此时可考虑疏芽，用镊子将过强和过密的新芽摘除，一般一枝端留左右两芽。老叶还不宜剪除，要保留（2012 年 8 月 20 日拍摄）
Secondary buds have shown up at 40 days after bud cutting, and removing buds may be considered at this time. Use nippers to remove buds which are too strong and too dense. Generally, leave two buds on left and right of a branch. It was not the time to prune old leaves, so retaining them (shooting on August 20th)

"盆景以几案可置者为佳"，小品盆景轻便、精巧，多用于装点厅堂、美化书桌。

我喜欢小品盆景，也喜欢创作。

"小中见大、精巧玲珑、动势飞扬、不乏韵味"——是我创作小品盆景的标准。

2012 "第八届中国盆景展览会"上，我的小品盆景"舞动云间"（图 1）荣获金奖。它体量娇小，高不足 22cm，在展台上极不抢眼，能得到评委的认可，我想主要在于她的树身变化。

"舞动云间"，重在"舞动"。

"The good Penjing is the one that can be placed on the desk". Being light and exquisite, the miniature Penjing is usually used to decorate rooms and beautify desks.
I like miniature Penjing and creation.
Miniature Penjing shall "miniaturize the whole scenery, be delicate, exquisite and dynamic, and be full of meaning", which is my standard of creation.
In 2012, on the 8th China Penjing Exhibition, my miniature Penjing "Dance in Clouds" (Figure 1) won the gold award. It has petite body with height less than 22cm, so it was not the eye-catching one on the exhibition stand. In my opinion, the reason why it was recognized by judges is the changes in its trunk.
"Dance" is the emphasis of "Dance in Clouds".

2004 年我在一农户的角落里发现了这棵黄山松素材,她当时高 33cm,树冠约 40cm 以上,枝冠蓬松,叶色灰暗,其貌不扬,但是树干的两个曲角和分枝点位吸引了我,于是将其买下。

盆景创作"立意为先","意"是作者对素材的未来构想以及对所采取创作方案的设想,其高下深度决定了未来作品的成败。考虑到小品盆景可在手上把玩,因此在初期定位时就应顾及枝条"舞动"的姿态和多角度观赏效果,枝干蟠扎时应随"意"调整,力求多变。

小枝先天基础虽有,但略显单薄,不够老到,前三年通过调校树干、主枝的变化角度及放养增粗,使枝干的过渡更加协调自然。

4

图 4 切芽 60 天左右,新针已长至 1cm,此时可将老叶剪除,现在的树相脱衣换锦,枝脉清晰,富于变化,招人喜爱(2012 年 9 月 8 日拍摄)
New needles have grown to 1cm about 60 days later after bud cutting, while old leave can be cut off. Now the shape of tree has taken on a new face with clearly branch veins, variegated and popular (shooting on September 8)

In 2004, I found this *Pinus taiwanensis* in the corner of a farmhouse. At that time, it was 33cm high with crown more than 40cm. Its branch crown was fluffy and leaves were dark. However, I was attracted by the two angles and branch sites of the trunk, so I bought it.

During Penjing creation, "idea is the most important thing", the idea here is the vision and plan of the material and the creation program by the author which determines the the success or the failure of the work. Taking into account the miniature Penjing can be appreciated in hands. Therefore, the "dancing" gesture of the branch and the multi-angle view shall be considered when the branch is fixed at the beginning. The binding of branch should be changeable and can be adjusted with the change of the "idea".

Although with the innate qualification, the twig is still a little thin and weak. During the first three years, the transition of the limb will be more natural and harmony through adjusting the change angle of the trunk and the main branch and then raising to strong the tree

图 5 将盆向前旋转 15°,飘枝前伸,顶部前倾,与人相应,顾盼有情
Rotate the pot frontward by 15 degrees. The branch flies frontward, with forward leaning top interacting with people, this looks very affectionate

5

经过 3 年的壮骨培育,干体的比例已合乎要求。接下来的工作是截干瘦身,首先去掉顶部枝条,改左侧枝为树顶,以侧代干,对于右侧两枝也去掉,这样不但降低了树高,更主要的是理顺了枝序,强化了动态,使树干的转折更富于变化,树体也随之舞动。

截干的同时应对下部所留三枝叶冠也加以缩减,使其合乎比例,不至于松散。依照树干的运动趋向对各分枝主脉按"意"调校,使其全身而"动"。

下山后的黄山松随着生长环境的改善,其生长状态变化很大,长势繁茂,针密毛长,有的可达 10cm(图 2),这样的叶冠,对于小品盆景而言,极不和谐,树身的变化因被淹没,而失去了艺术感染力,因此针叶的控制是至关重要的。

图 6 再将盆向内旋转 15°,主干转角锋锐,动感更强,向左而势右,有"惊回首"之韵
Rotate the pot inward by 15 degrees. The angle of main branch is sharp bringing more dynamic sense. It points to the left while the posture is on the right, looking like "look back suddenly"

After 3 years of raising to strong the tree, the proportion of the stem body has met the requirements. The following is to cut the branch to downsize the tree. First of all, remove the top branch to change the branch on the left side into the top of the tree. The two branches on the right side shall be removed through which not only reduce the height of the tree but also straighten out the branches and strengthen the movement gesture to make the turning of the branch more changeable and the tree will dance with it.

When cut the trunk, the three underpart leaf crown shall be downsized to keep the tight form and make the Penjing meet the proportion. Adjust the main vein of each branch following the movement tends of the trunk in accordance with the "idea" to realize the "dance" of the whole tree.

With the improvement of the growth environment, the growth state of the yamadori *Pinus taiwanensis* changes dramatically. With strong growth vigor, the pine needle is dense and the pine tag can reach to 10cm (Figure 2) and such leaf-crown is very discordant to the miniature Penjing, which loses the artistic appeal because the change of trunk is submerged, so it's critical to control the needle.

图7 从左侧面看去，主干曲角虽被遮盖，但腰身右弯，展现出了不一样的姿态
Look from left side, although the angle of main branch is blocked, but the waist bends rightward showing an extraordinary posture

图8 "舞动云间"的另一观赏面，呈现的树相与图1迥然不同，此角度树干的变化展现最佳，柔中寓刚，线条清晰富于韵律
The other side of "Dance in Clouds" presents a quite different shape from figure 1. Changes of main branch at this angle are optimally displayed with softness in coordination with strength and rhythmic lines clearly

夏季的切芽是改变叶片形态的最好办法，通过这一方法可以合理有效地控制树的最佳状态。2012 年 7 月 11 日进行此操作后至 10 月 18 日参展时，新针长度在 2~2.5cm 左右，枝冠比例协调。

创作树木盆景，一定要量体裁衣，挖掘个性，方能神形兼备，物我交融。经过八年剪裁，小景初现，尚有许多不足，亟待完善。

通过下面一组树照展现其不同角度（图 5~10）的多姿舞动之美。

The best method to change the leaf form is to cut the bud in summer, by which can maintain the best state of the tree reasonably and effectively. From this operation on July 11th of 2012 to participating the exhibitions on October 18th of 2012, the length of the new needle is about 2 ~ 2.5cm and the ratio of the branch is proportioned to the crown .

The creation of Penjing shall give play to the personality which based on the characteristics of the tree,and then to realize the perfection situation of expressing the feeling through the Penjing. The primary view appears after eight years' pruning, although there are still many deficiencies need improvement.

The following group of figures displays the beauty of dances at different angles (Figure 5~10).

图 9 主干的大曲度回环, 使树体显得泼辣张扬, 树显动态, 起步欲奔
The large loop of main branch makes the body domineering, and the tree looks as if it started to run

图 10 从右侧面看去, 主干蟠曲, 有山巅老松之韵
Look from right side, the tortuous of main branch makes it look like an old pine standing on mountain top

作者简介

张旭明，中国盆景高级技师。1971年出生，浙江安吉县人。1991年师从中国盆景艺术大师徐昊先生学习盆景制作。1995年受聘于杭州怡然盆景园专业从事盆景制作至今。他擅长制作各类树木盆景，尤精松柏盆景的制作，技法老练，艺高胆大，富有主见，作品在各级盆景展览中曾获得大奖和金、银、铜奖等多项，是年轻一辈盆景工作者中的佼佼者。

About the Author

Zhang Xuming, Chinese Penjing Senior Technician, who was born in 1971, Anji county of Zhejiang province. He studied the making of Penjing following Chinese Penjing Art Master Mr. Xu Hao. He has been working for Yi Ran Penjing Garden in Hangzhou and specialized in the making of Penjing. He is good at making a variety of Penjing, especial at the making of Pine and Cypress, sophisticated techniqnes the skilled are generally bold and high level of art, his works won grand prize and gold price, silver and brozen prize, etc. He is the best one among Penjing workers of the young generation.

真柏盆景"唐寅笔意"的制作成熟过程

Creation and Maturation Process of "Tang Yin's Intended Conception"

文: 徐方骅 制作: 张旭明 收藏: 鲍家盆景园
Author: Xu Fanghua Processor: Zhang Xuming Collector: Bao's Garden

该素材是鲍家盆景园5年前购入，由一棵几米高的树截干取材后制作而成的。

The raw material, bought by Bao's Garden five years ago, is drawn material by cutting from a tree of a few meters high and then created.

图1毛桩坯
The raw material

CHINA PENJING & SCHOLAR'S ROCKS

图2 第一次制作完成树形
The shape after first creation

制作中吸取古画唐寅笔意中的画意,打破常规三角形的做法,着重枝条线条美的体现。制作时把左边第一出枝抬高单独制作成一棵小树形与主干相呼应,不但弥补了主干上半部的单调,更改变了整个树冠的三角形态。把右边做成跌枝,再从跌枝中来分片,不仅增加了其线条的曲线美,更增加了整盆盆景的意境。

Absorbing the tenor of ancient painting "Tang Yin's Intended Conception", it breaks the triangles tradition and emphatically embodies the branch's beauty of lines. Drive up the first branch on the left and make it solely into a sapling, responding to the main trunk, thus it not only covers the main trunk's blankness on the upper half part, but also changes the triangular shape of the tree crown. Make the right side to a fallen branch and then divides the branches, which both adding the lines' curvaceous beauty and the whole Penjing's artistic conception.

养护一年之后,可以看到其水线已开始隆起,树形也变得层次分明。

After one year's maintenance, the waterline is seen to be raised and tree layers are also getting clear.

图3 制作完成一年后的树形
The shape after creation one year later

图4 制作完成两年后树形
The shape after creation two years later

Creation and Maturation Process of Cypress Penjing
"Tang Yin's Intended Conception"

经过两年的放养并整理后，其枝条已逐渐与主干相协调，枝片也变得丰满起来。

After two years' planting and trimming, the branches become gradually coordinated with the main trunk and the twigs are also getting plump.

经过几次大幅度剪枝后，更体现出了线条富有变化的曲线美，其主干水线也变得更加肥厚而有力，舍利的纹理也更加自然，枝片的长短、疏密布局更加合理。

After lopping of branches for several times by a wide margin, the changing beauty of lines is reflected. Furthermore, main branches' waterline becomes more thickening and powerful, the texture of Shari is more natural and the branches' length and density are more reasonable.

图5 制作完成五年后树形
The shape after creation five years later

您能拥有
《中国盆景赏石》
最简便的方法：

成为中国盆景艺术家协会的会员，
免费得到《中国盆景赏石》
如果您是中国盆景艺术家第五届理事会的会员，
《中国盆景赏石》每年赠送您。

成为会员的方法：
1. 填一个入会申请表，把它寄到：
北京朝阳区建外 SOHO16 号楼 1615 室 中国盆景艺术家协会秘书处
邮编 100022
2. 把会费（会费标准为：每年 260 元）和每年的挂号邮费（每年 12 本，共 76 元）
汇至中国盆景艺术家协会银行账号（见下面）
3. 然后打电话到北京中国盆景艺术家协会秘书处口头办理一下会员的注册登记：
电话是 010-5869 0358
然后……您就可以等着每月邮递员把《中国盆景赏石》给您送上门喽。

中国盆景艺术家协会会费收款银行信息：
开户户名：中国盆景艺术家协会　开户银行：北京银行魏公村支行
账号：200120111017572
邮政地址：北京市朝阳区建外 SOHO16 号楼 1615 室
邮编：100022

作者简介

　　黄就伟，中国盆景艺术大师，广东广州市人。现任广东园林学会盆景专业委员会副主任委员；广州盆景协会常务副会长；加拿大温哥华林施齐博士园艺会海外技术顾问；香港盆景雅石协会副主席。

About the Author

Huang Jiuwei, Chinese Penjing Art Master, is from Guangzhou City of Guangdong Province. He is the Vice-chairman member of Penjing Professional Committee of Guangdong Society of Landscape Architecture, executive vice-president of Guangzhou Penjing Association, overseas technical adviser of Doctor Lin Shiqi's Horticultural Exposition in Vancouver city of Canada, and Vice-chairman of Hong Kong Penjing & Artstone Society.

黄就伟大师
在意大利的现场示范表演

The Demonstration of
Master Huang Jiuwei's
Penjing Show in Italy

文、图、制作: 黄就伟
Author/Photograph/Processor: Huang Jiuwei

　　2012 年 9 月 23 日下午 2:30~5:30 的中国盆景和日本盆景表演，同台分别创作表演的有我和刘传刚及日本的川边武夫，也是我 9 月 13 日到意大利米兰以来的第三场表演。第一场是在活动开幕式上创作的榆树合植水旱，第二场表演的九里香干附石。这一场表演的是榆树根附石盆景创作，是把一株提根的榆树伏贴地附在一块高 86cm 云头雨脚的英石上，构筑成一件自险峰四分之三高悬崖处横飘出一棵饱经风霜的千年古树。

　　Chinese and Japanese Penjing performances from 2:30 to 5:30pm on September 23th were held by Liu Chuangang, Kawabe from Japan and me, and this was also the third performance since I had been to Milan, Italy on September 13th. The first performance was Elm co-plantation landscape Penjing on the opening ceremony, and the second one was Murraya exotica trees and rocks Penjing. This performance was Elm root lifted Penjing which means attaching the Elm submissively on a big-end-up stone of 86cm to form a one-thousand-year-old weather-beaten tree floating horizontally from danger cliff of 3/4 perilous peak.

下边对创作盆景的过程照片略解:

The following was the pictures of Penjing creation's process:

图 1 提根榆树
Elm with root

图 2 英石柱 Stone column

图 3 工具 Tools

一、创作所需素材、工具

The material and tools for creation

二、英石加工

Processing stone

图 4 打掌底
Strengthening the end

图 5 开坑槽
Opening pot hole

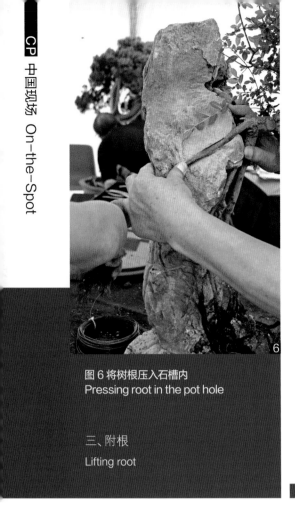

图 6 将树根压入石槽内
Pressing root in the pot hole

三、附根
Lifting root

图 7 修整英石坑槽
Trimming pot hole of the stone

图 8 将树根绑扎固定在石柱上
Colligating root to fix it on stone column

四、上盆
Putting root in the pot

图 10 调整根络
Adjusting network of root

图 9 配盆
Configuring pot

图 11 培土种植
Earthen up and plant trees

图 12 盆面点景
Ornamenting pot surface

图 13 铺苔藓
Putting on the moss

图 14 创作完成图
Completing the creation

五、胡运骅先生介绍创作过程（图 15）
Mr. Hu Yunhua's introduced the creation process (Figure 15)

六、克里斯皮盆景博物馆馆长路易吉先生做点评（图 16）
Mr. Luigi, the Curator of Crespi Bonsai Museum, made comments (Figure 16)

七、表演结束后参演者与主办方代表合影: 刘传刚先生（左一）、吴成发先生（左二）、黄就伟先生（左三）、路易吉先生（左四）、川边武夫先生（左五）（图 17）
After performance, participates and representatives of organizing part took photos: Liu Chuangang (first from left), Wu Chengfa (second from left), Huang Jiuwei (third from left), Luigi (fourth from left), Kawabe (fifth from left) (Figure 17)

制作: 瓦茨拉夫·诺瓦克 文、摄影: Svatopluk Matějka
Processor: Václav Novák   Text and photos: Svatopluk
Matějka

The Art of Choice —Shaping Yamadori Larch

选择的艺术
——山采落叶松塑形

最令盆栽师兴奋的活动之一便是对山采材料的寻找、培植及塑形。因为多年来受自然因素的影响，山采材料通常都具有怪异的形状。现在，错综复杂的树枝经过盆栽大师之手被塑造成了盆栽杰作。在此，有必要提及，植物的所有特性都对盆栽作品有着重要作用。最重要的一点是要有持久的耐心。当然，还必须考虑培植后所具有的外观。此外，还应细致观察、给其拍照以及向朋友征求意见等。当我们拿起锯子或钳子之前要进行深思熟虑。

塑形前：对山采材料进行观察和分析是重要的一个环节。
Before shaping: It is important to observe and analyze of yamadori material.

图1 塑形前的落叶松正面
The front view of the larch before its shaping

图2 塑形前的落叶松背面
The back view of the larch before its shaping

山采材料通常会有更多的选择余地。这取决于制作者如何安排，才会让他觉得最具情趣、最具完美？这取决于方式的选择。这是一个植物换新颜的创造性大冒险，作品所流露出的将是盆栽师的才华与盆景艺术的真实体现。

This is a big adventure of creation which will impress a new look to the plant, the expression of work of art will become the mirror of the Bonsai grower's talent and Bonsai art.

图 3 这张图片描绘了山采树干的轮廓
The photograph outlines an interesting line of yamadori trunk
图 4 树干枯死的底部
The base of the trunk with the dead wood
图 5 将枯枝上的树皮剥去以及将神枝缩短
Removing of bark from the part of the dead wood and jin shortening
塑形第一道工序: 把树枝下端的树桩去掉,并将树枝培植为改造后盆栽的树梢。
The first stage of shaping: removing tree stumps from the area of the lower branch which will be transformed in the treetop of the future Bonsai.
图 6 用凿子突出枯木并协调树干比例
Accentuating the dead wood parts and treating the trunk proportions by chisel
图 7 结束第一道工序——塑形
Finishing of the first stage of shaping

One of the most exciting activities of a Bonsai grower is searching, preparation and following shaping of a plant found in nature – yamadori. It sometimes has unusual weird form because it was shaped by natural elements for many years. And now the hand of some Bonsai master should become involved and sensitively remodel tangle of branches into a Bonsai masterpiece. It is necessary to remind all the qualities that are important for such a Bonsai master. One of the most important is patience in many ways. Of course he has to think about the future appearance of the tree. He must observe it very thoroughly, take photographs, ask his friends for advice etc. The premeditation before we take a saw or pliers in our hand will surely pay.

Material from nature usually offers more possible solutions. It depends on author himself which arrangement he considers the most interesting and the most ideal. It is time to choose the way. This is a big adventure of creation which will impress a new look to the plant, the expression of work of art will become the mirror of the Bonsai grower's talent and Bonsai art.

制作者简介
瓦茨拉夫·诺瓦克(Václav Novák),欧洲盆景协会副会长、捷克盆景协会会长。
About the processor: Václav Novák, vice-president of Europe Bonsai Association, President of Czech Bonsai Association

8

塑形第二道工序对落叶松进行塑形。
The second stage of shaping: shaping the larch.

图 8 照片充分显示了树干与枯枝的相互交叉
This photo shows well distinguishable crossing of the current trunk with the dead trunk skeleton
图 9 树枝韧皮缠绕详图
Detail of the winding of the branch by bast
图 10 韧皮紧紧缠绕于树枝四周
The bast is tightly twisted around the branch

9

10

不久前，在捷克、欧洲乃至全世界享有盛名的著名盆栽大师、捷克盆栽师瓦茨拉夫·诺瓦克通过交换盆景的方式得到了一棵落叶松。这棵树跟别的树一起在盆景架上摆放了一段时间，吸引了众多参观者和工作室成员的目光。对于其造型，已有多个方案与建议。那就是为什么我们赞成诺瓦克先生对树木进行整形修剪，并且进行详细的报道的原因。同时，它将成为讨论的话题并可能对几个盆栽师采取的方法和最终成型后的外观进行比较。

瓦茨拉夫·诺瓦克用了很长时间在脑中构思了这棵山采材料的改造方案。他采用了文人风格。由于长长的树干呈弯曲形，所以需要扶直盆中的植物，但树的比例及曲线都不够理想，因此他突发奇想要截短树干的根部。经过第一次分枝，树冠就形成了。盆栽制作不仅要考虑其要达到的新比例，还要考虑现有树干与原舍利干的深入交叉程度。很明显，原树干先枯萎，而雕刻出的新树干其曲线犹如一条盘蛇。因此，盆栽师放弃了文人风格应具有的脱俗与优雅。瓦茨拉夫·诺瓦克说，有一次我注意到苹果树上有类似的现象。当一只野兔彻底吃掉树干时，仅留下了狭长的树皮。苹果树仍然可以复活。只要时间合适，主干就可以靠这些细条状树皮重生。树干环绕于坏死部分。事实上，我们经常能观察到顶部的树枝枯萎后，侧面的树枝就开始旺盛生长。然后，这根树枝就垂直向上生长，并且取代枯萎树梢成为主干。这时，我们就可以将落叶松的枯枝去掉。我们被它年老的特征所吸引，而造成这一效果的恰恰是原树上的枯死部分。

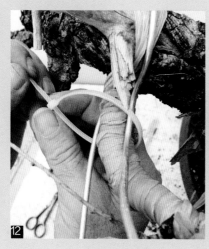

11

图 11 用加固金属丝固定夹板
Applying a strengthening wire in the function of a splint

12

13

图 12 用紧固带固定金属丝
The wire fixation with fastening strip
图 13 用第一夹板固定的树枝外观
Overall look on the branch with the first splint

图 14 采用绕圈的方式把别的夹板固定于对侧的树枝
We fix the other splint in girth on opposite sides of the branch

图 15 再次用韧皮缠腰树枝
The branch is winded by bast again

图 16 用厚度为 4.5mm 的金属丝缠绕树枝。可以清楚地看到金属丝固定于神枝的优点
Winding of the branch with a wire /thickness 4.5mm, we can see very advantageous fastening of the wire to jin

Some time ago, Czech bonsai grower Václav Novák/famous bonsai master who is well known not only in Czech Republic but also in Europe and over the ocean/got very interesting larch tree as interchange. This tree spent some time on the shelves together with the other ones. But it attracted attention of many visitors and members of workshops. There were many plans and proposals what face should it gain. That is why we agreed that Mr. Novák will form the tree and we will inform you about it on the pages of our magazine. At the same time the plant will become the topic for discussion so that it was possible to confront approach and final appearance of the plant from several authors. So that happened.

Václav Novák had already had his own transformation of this yamadori tree in his head for a long time. He offered shaping in literary style. There is long dramatically bent trunk. It is needed to raise the plant in its pot. However the proportions of the tree and its curves are not ideal. That is why he based his vision on unexpected and radical shortening of the trunk. Its treetop will

be formed from the first ramifying. The philosophy of this bonsai is based not only on newly gained proportions but also on demoniac intersection of existing trunk with the dead wood of the original trunk. It is obvious that original trunk died off formerly. The curves of the new trunk enwind like a snake its torso. For these reasons the creator gives up drama and elegance which this larch would offer in literary working. Sometime I noticed something similar on a fruit tree (apple tree), says Václav Novák, when a hare ate its trunk totally. Only narrow stripe of the bark remained. The apple tree was able to revive. In the course of time normal vital trunk developed from this thin stripe. This trunk encircled the necrotic part. We can often observe in nature that the top of a tree dies off and one of the side branches take its function. This branch starts to erect and it replaces the terminal of the tree under its dead treetop. We could remove the dead part of our larch completely. Thereby we would rob ourselves of its best quality (attribute of an old age) which is formed by the dead wood of its original trunk.

图 17、18 谨慎地把树枝弯成理想的形状；尊重树干的位置变动很重要
Careful bending of the branch into wanted shape; respecting the move of the trunk is important

图19 用覆盖于此处的原树梢塑成的树
Look at the shaped tree with original top which is covered here

盆栽师首先要做的是去掉遮挡舍利的部分，即之前的主干。这与他之前的想法不谋而合。越是露出舍利的基部，就越能彰显其独特性。盆栽的未来效果取决于其独特性。在此过程中，缩短了神枝，也去除了侧枝底部的残根，因为它们会妨碍后面的操作。通过剥掉坏死树干的树皮来缓解树干膨胀，进而也可以达到树干逐渐变细的效果。

经过上述处理后，盆栽师便可以确定哪部分是制作后新树的顶部了。瓦茨拉夫决定保留落叶松顶部的树枝，生长季再对它进行修剪（上述提到过"耐心"）。侧枝进行整形修剪后形成了新的顶部（进行修剪后会长成更茁壮的枝），所以必须采取措施以防受到重大干扰。绷带的第一层是用来保护韧皮纤维的。这对每个盆栽师来说是必不可少的消费。没有绷带就无法修剪，因为绷带能紧固树皮和新生组织，使其靠近木质。如果弯曲度过大，绷带可以防止树皮脱落。韧皮还可以在裂缝、裂纹或任何树枝损伤时形成一个潮湿的小气候促进愈合，而且韧皮始终具有渗透性。相对于软质聚乙烯化合物，这是一个大优点。

另一种保护树枝的方法是用结实的金属丝加以固定，因为金属丝能起到像夹板一样的紧固作用。瓦茨拉夫使用的是3.5mm粗的铝丝。在这种情况下，弯曲铝丝会对树枝产生均匀的压力。夹板必须紧固于树枝的弯曲部分，与树枝吻合。盆栽师使用塑料紧固索条进行固定。剩余的夹板丝用于缠绕树枝。我们对树枝的另一边也采用这种金属丝来固定，这样四周便被夹板固定了。

图20 换盆时，盆底放置纱网和铁丝，用铁丝来固定落叶松的根
When changing pot, put gauze and iron wire on the bottom. Use iron wire to fix the root of the larch

图21 先在盆里放置颗粒较大的矿质土
Put the big size mineral soil on the pot

The first try of the creator was removing parts that prevented view to the shape of the dead wood – former spine of the tree. It was in the accord with the above mentioned philosophy of change. The more we uncover this dead foundations the uniqueness will be much more visible. The future effect of this bonsai is based just on this singularity. During this work jins were shortened, stubs around the basis of side branch were cleared away because they would hinder in the following work. The bark was removed on the necrotic parts of a trunk and so the defect swellings of trunk were reduced. This way we achieved that the trunk became thinner and thinner gradually.

After these procedures author deals with substantial step and this is foundation of a new treetop. Václav decided to keep the original top of the larch and to get rid of it in the course of the growing season. (Here you can see the patience mentioned above). The new top of the tree will be shaped from the side branch /stronger branches will be substantially formed/that is why we have to protect branches from such a significant intervention. The first layer of the protective bandage is bast fiber. This is not an expendable aid for every bonsai grower. He cannot do without it because it tightens the bark and cambium nearer to the wood. It prevents them from tearing off if the bend is bigger. The bast also helps to create a wet microclimate which supports better healing of the possible clefts and fissures or any branch injury. Moreover the bast is always permeable. This is its big advantage in comparing with flexible polyvinyl materials.

The other protection of branches is fixing stronger wires so that they function as splints. Václav used here an aluminum wire of the thickness 3.5mm. Such a scaffold branch will be better protected from possible fracture. The pressure that affects the branch when you bend it is spread regularly in this case. The splint has to hold tight to bend part of branch. It has to copy the branch perfectly. Author uses plastic fastening strips for cables for this fixing. The rest of the splinting wire is encircled round the branch. We use this method of fixing wire on the other side of the branch so that it was fixed by a splint from four sides.

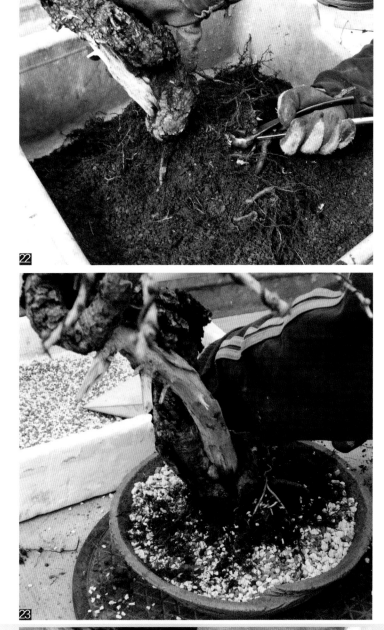

图 22 对落叶松的根部进行修剪
Cut the root of the larch
图 23 用铁丝固定落叶松的根部
Fix the root of the larch
图 24 固定好的落叶松根部
The root after fixing

图 25 铺放腐殖营养土
Put the humus and nutritional soil

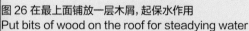

从一月到春天的万
物复苏,有足够的时
间进行树木的塑形。

图 26 在最上面铺放一层木屑,起保水作用
Put bits of wood on the roof for steadying water

现在该对第三层进行修剪,之后又是韧皮,缠绕要谨慎。做之前给韧皮浸水是非常好的方法。

用这种方法处理的树枝,很容易弯曲。首先把过度生长的部分用金属丝缠绕起来。瓦茨拉夫·诺瓦克使用的是相对较细的铝丝。他固定了神枝的末端,以防损伤落叶松的树皮。

此外,用金属丝缠绕这种方法也是很重要的,必须沿着树枝弯曲的方向来缠绕金属丝,这种方法适用于弯曲较粗的树枝。弯曲树枝时,应拉紧线圈,不能松开。否则,金属丝无法起到固定的作用,并且树枝的形状也会不理想。

修剪树的末端时,我们应该尊重这样一个事实:树干本身就有一定的倾斜度,树梢应保持其倾斜度。

落叶松塑形的最后一步是把茂密的过度生长部分与新树梢修剪稀疏。限制顶部树梢的过度生长,我们需要使用从 1.5mm 到 4.5mm 不同粗细的铝丝。

塑形结束。如上所述,在以后的培植过程中,树干(造型前的顶部)会被截短。从一月到春天的万物复苏,有足够的时间进行树木的塑形。盆栽师可以选择将来侧视盆栽的理想角度,或尽可能地完善树的倾斜度,以便换盆。新盆的形状与外观是另一个值得深思的主题。这样,山采落叶松就获得了最佳的塑形。根部截短是非常新颖的选择。同时,树干与舍利有着独特的交叉。在这样一位经验丰富的盆栽师的精心创造下,通过几步改作,一件杰出的作品便呈现于眼前!

图 27 用铲子把表面压平
Make the roof smoothly by shovel

Now it is time for the third layer and it is the bast again. We have to encircle it carefully. It is good to soak the bast in water primarily.

Branch that has been treated this way is prepared for bending. Firstly we should wire the rest of its overgrowing. Václav Novák used a thicker aluminum wire. He fixes its endings on jins so that he did not damage the living bark of the larch.

The way of winding up the wire is also very important. We have to reel the wire in the same direction in which we are going to bend the branch. It holds true if we bend thicker branch. The wire spiral should be tightened /not loosened/ when we bend the branch. If not, so the wire would not fulfill its fixation function and the branch will not stay in a wanted shape.

> There is enough time for the plant to deal with intervention from January when the tree was sprout till the beginning of spring.

图 28 塑形后的落叶松正面, 树梢塑形后的形状变化
The front view of the larch after its shaping; Detailed shaping of overgrow of newly created treetop

The lean of its trunk is given. We should respect this fact when forming its new terminal. The treetop should go on this move or at least follow it.

The final step of shaping of the larch is making the thick overgrow and the new treetop sparser. We have to define the shape of branches that will form the treetop overgrow. We use aluminum wires of different thickness — from 1.5mm to 4.5mm.

The result of the shaping is finished. As have written, the trunk (former top) will be reduced in the period of subsequent vegetation. There is enough time for the plant to deal with intervention from January when the tree was sprout till the beginning of spring. Author can think about the ideal choice of the view side of the future bonsai tree. Or possibly perfect the lean of the tree for its following repotting. The shape and surface of the new pot is another topic for meditation. Searching for the optimal form of yamadori larch was successful. The radical reducing of the plant was very interesting choice. At the same time a unique crossing of the trunk with the dead wood of original trunk was stressed. A masterpiece with a great potentiality will be created after next steps of such an experienced and skilled author.

图 29 2013 年 3 月份（发芽后）拍摄的照片
Photo from March of 2013 after buds are developed

论从国外买来的盆景是否可以参评

——从盆景的参展参评资格说起

黄敖训 第四届中国风景园林学会花卉盆景赏石分会
中国盆景艺术大师

盆景起源于中国，但是改革开放后，中国盆景的发展才真正复兴。盆景文化在唐代传入日本并在那里延续发展，在人工培育、养护、创作等方面都有了长足进步。我认为包括日本在内的海外盆景作品如果在中国的盆景展上探讨学习是可以的。但是，参加评比的话，中国的展览如果旨在表现一个作者的创作，就应当展现中国盆景人的创作水平，而不是海外盆景人的。

有的人以足球、篮球比赛做举例，认为体育比赛中可以请国外的队员做外援，中国的盆景展中也可以请"外援"，拿国外买来的作品参展。我认为这种比喻不是很恰当。因为，运动队员是活动的个体，参加比赛既会有技术上的交流，也会有团队的合作、协调配合，最后奖项也是归功于整个团队。但是，盆景是固定的、创作成形的物体，交易后则是一种商品，直接参与评比时几乎没有技术的交流，只是原封不动地把国外的作品搬过来，这样的作品怎么能参评呢？

如果是经过改作的则另当别论。购买基础素材后再创作、重新确立结构、融入作者风格、抒发作者情感的作品是中国盆景创作者的再创作结果，评委都是行家、高手，可以区分出作品的风格，不予未改作的盆景作品以参评资格就可以杜绝海外商品盆景到中国展场争夺奖项的问题。

最后，我想说作为一个盆景创作者要有自己独特的作品风格，能够把国外盆景素材改作成为有自己风格的盆景作品，这样才能体现盆景这种艺术形式的真正价值魅力。

孙龙海 中国盆景艺术家协会第四届常务理事

限制国外买来的作品参展，那显得中国人太狭隘了！

盆景是艺术，艺术无国界，盆景展览的参赛作品按说也不应该有界限的。中国盆景有中国盆景的特长，日本盆栽有日本自己的特点。我们普通人对日本盆栽的认识大多是来自书籍资料的介绍，经常去日本盆栽园的人回来讲，事实上日本确实有很多精品，有树龄几百年的成熟作品，有日本盆栽的固定模式和理念，对盆景的自然式的表现手法也是很到位的，在展览中亲眼见识日本的盆栽不也可以开阔眼界吗？何况日本盆栽作品到了中国以后，就会融入我们中华民族的文化，便不完全是日本风格的盆栽了。

我认为只要是美的东西，大家能接受的，不管是哪个国家的都可以参展参评。因为盆景不是一成不变的收藏品，它随着时间不断地变化，到了不同收藏者的手上，通过不断地整形、养护，就变成再创作了。倘若一年不管不问，它就面目全非，所以还是要付出一定的创作、付出劳动，它才能基本上保持盆景的风貌，经过时间的打磨，它可能越养越好，越做越漂亮。

所以我建议中国盆景界要以大国的宽容和包容来对待从海外买来的盆景，给更多盆景人或者盆景商人一些机会，让更多的人、更多的盆景参与到中国盆景展中。

ON Bought from Abroad Penjing is Involved or not

—— Talking from the Penjing Exhibition Participating Qualifications

蔡冯 中国盆景高级技师

对于买来的盆景能否参展这个问题，我认为要看展览的性质。如果展览是以盆景交易为主要目的的商业性质，那么，买来的盆景参展参评就无可非议，但是最好是可以分别注明创作者和收藏者的姓名；如果展览是以盆景技术切磋为主要目的的艺术性质，那么，就应该是作家展，买来的盆景就没有参展资格，倘若是买来的盆景，甚或是从海外买来的盆景都可以参展的话，就失去了这种展览举办的意义。需要补充的是，从国外买来的桩坯是可以的，只要经过国内盆景作者的创作，还是可以参加国内的盆景展的。

其实，在盆景展览中，获得奖牌的人毕竟是少数，我个人是抱着一种交流、学习的态度去参展的。南北流派的盆景风格还是有所区别的，尤其是在树种和用盆方面，例如我们江苏地区喜欢用紫砂盆，以彰显盆景的古朴之美，而广东地区则有很多人愿意为树搭配瓷盆，看起来更华丽。正如中国人喜欢清新淡雅的水墨画，而西方人则多数倾向于繁琐细腻的油画一样，不同地区的人们由于历史、文化、风俗等原因就会产生艺术上的差异，在参展的过程中，实质上也是盆景的各个流派的一个相互交融的平台。

另外，盆景作为高等艺术品，也需要装扮，尤其是参展时，更要"一景二盆三几架"俱全。尤其是小品盆景组合，因为小品盆景自身比较小，如果没有几架的搭配，很难欣赏到其中的细节，更无法展现几盆小品盆景组合在一起所展现的意境。

陈国世 中国盆景高级技师

盆景是不分国家、不分地域、不分品种的艺术品，现在盆景被世界上各国的爱好者广泛喜爱，这是一个好事情，因为真正的艺术没有国界。

国内盆景分为几十个流派，各个派别都有自己的特色，大部分参观者看到这些别具一格的盆景不是感到排斥，而是极为欣赏，或找到另一种形式的美感，或体会到其中的技巧。其实，国外买来的作品也是一样，国外的盆景有国外盆景的特色，有一些盆景有几百年的树龄，有一些盆景的树种特别名贵，日本的黑松、中国台湾的真柏不论是素材本身还是造型都是非常好的，有的人认为国外的盆景被买来参加国内的评比占据了国内的奖项份额，其实我反而认为有竞争才有发展，奔驰、宝马等名车也涌入中国的汽车市场，也抢占了中国汽车销售市场的份额，但是他们并没有彻底地挤垮中国的汽车行业，而且他们的存在也确实满足了一部分人的需求。

国外盆景的涌入是促进中国盆景快速发展的一个因素，况且购买者能够购买到获得大奖的盆景，也说明购买者对盆景敏锐的判断。因此，我认为购买的盆景可以参展参评，好的盆景作品也理应获得相应的名次。

鲁忠慧 中国盆景高级技师

买来的作品在参展时，如若获得收藏奖则是合情合理的。但是，买来的盆景并不是自己创作的，购买后经过一段时间的养护管理、造型处理等再作为自己的作品来参展是合理的，但若是直接拿买来的盆景参展参评对主办方以及参展者的影响肯定不好。我认为，作为从事盆景艺术的人，就应该有认真严谨的态度，要明确分开创作者与收藏者。

展览会完全可以通过多设立一些项目来解决这样的问题。我认为展览会设立创作展、收藏展等展览版块，可以再详细下设国内藏品展、国外藏品展等，并设立不同的奖项比较合适，这样大家都不会有意见，可以避免评比中的很多问题，能平衡收藏者与创作者的关系，利于共同推动盆景的发展。

另外，中国盆景展始终有一个得过大奖的作品常参评常得奖的现象，面对这种现象，新人会丧失参展积极性甚至是创作热情。如果能在老作品上标出获奖经历，只参展不参评，那么效果可能会更好。

虽然这样的办展方式，主办方需要按类分配盆景作品，并需要根据历年的档案考虑其是否有参评资格，在展前做的准备工作可能比较多，但是不仅利于评委公正权衡优劣，也为展览的多元性提供了便利。在我们新沂市举办的盆景展时，我就实践过以上的理论，办展效果还是比较好的，参观者对这种分类评比的方式也是很满意的。中国的盆景展览会还有很多需要改进的地方，如果弊端过多的话，它将不但起不到推动盆景发展的作用，还会展现出盆景事业的不完善、不健全的一面，甚至影响盆景事业吸纳新鲜血液、持续发展。通过理论与实践相结合，我相信这样的办展方案是有利于盆景发展良性循环，让盆景事业越来越好的。

谭建文 中国盆景高级技师

因为没有盆景的交易就没有办法把盆景经济搞上去，没有经济的富足就难以推动盆景发展。对于买来的盆景能否参展这个问题，我不赞成也不反对。两方面都各有道理，有钱的人是用金钱来买时间，没钱的人是用时间来赚钱。

作为一个盆景生产者，我也希望有盆景爱好者购买我的盆景。其实，盆景的创作过程就离不开交易，无论是购买种子、树苗还是山上的野生桩，都离不开经济。但是，我并不赞同买来的盆景直接"拿"过来参展，即使是换一个盆，也是加入了你自己的审美情趣在里面，从盆的颜色、质地、大小等方面考察它与盆的协调，都可以看出你对盆景的认知程度。

中国改革开放以来，逐渐看到了世界的变化，如果没有看到国外的发展，怎么能知道自己发展的程度。盆景也是一样的，如果不赞成从国外买盆景，就相当于与国外盆景市场脱轨，闭关自守，国外的盆景也有高低好坏之分，我们是不是应该用广阔的胸襟去容纳呢？

不要说买来的盆景就不好，加上自己的构思、加上自己的审美观就能创作出赏心悦目、值得赞赏的盆景。也不要说国外买来的就比咱们国内的强，每件盆景作品都不是绝对完美的，买来的盆景也是一样，肯定有不足之处，所以我建议中国盆景人有胆识有魄力将其改作为更加出色的盆景作品，再带入盆景展览的会场。

翻版的作品就是侵权的行为，模仿后再创作的作品就是站在巨人肩膀上的新视野下精品。

钟青光　中国盆景高级技师

在中国盆景大展的参赛作品中，对于来自中国台湾的作品，无论作者是从海峡对岸带着自己的作品来参展，还是从台湾买来后再创作的作品，我认为都可以参加展览并参与评奖，因为台湾是中国的一部分。

对于日本的盆景，我认为参展是可以的，而且有利于技艺的切磋，共同学习、进步。在经济社会里，没有绝对的公平与不公平，即使是从国外买来的作品，也在出资时展现了购买者的眼光和魄力，是同样值得尊敬的。但是直接拿日本的盆景来评奖、争名次的话，我认为有点"拿来主义"的感觉。

有些人反对老作品常展常评常拿大奖的现象，我个人认为老作品体现了某个时期盆景作品的风格，展现了中国盆景的发展历程，并且经过不断地完善与创新，有了新意，用现在的眼光评价这些作品也为现代的盆景创作者提供了前进导向，所以我个人是赞同老作品也参展的。

最后，我想说，大家要抱着一种互相学习、互相借鉴、取长补短的态度来参展，最主要的是参展之后自己有所获得，收获有的是有形的，有的是无形的，我以为无形的德行、知识、技术则更为珍贵，大家都是盆景爱好者，为了夺得奖项而斤斤计较就会与共享艺术的初衷背道而驰。

周树成　中国盆景高级技师

中国盆景大展上的作品，我认为应体现深厚的文化底蕴以及民族的、地域的、人文的特色。

日本盆栽参加中国的盆景大展，可以让我们学习和了解日本盆栽的创作技艺，了解新科技在创作中的应用，开拓我们的艺术视野，有利于提升国人的创作水平。但是，艺术不是照搬某一种形式，将日本的盆栽作品原样拿来作为国人自己的作品参与评奖，我认为不妥。中国盆景人购买日本盆栽参加大展，必须经过作者的艺术加工，因为盆景是文化艺术的另一种表现形式，它必须是独创的，带有作者的感情色彩的。

经常拿一件老作品参展，这并不是一种好现象，盆景和其他艺术一样，它通过不断地发展与创新，使之获得自身的生命力，艺术应在创新中寻求发展与提升，如果我们局限于某一样板，必然影响盆景艺术的发展。

我认为参展的作品，规格应在120cm以下。在空旷的广场上，地桩景当然越高大气势越雄奇，但是，盆景顾名思义"盆中之景观"，它有别于园林树木，它是大自然美景的浓缩与升华，它

以精巧表现高超的技艺和深远的境界，以缩龙成寸再现自然之美。具有创新与意境优美的小型盆景，更应得到赞赏与支持。因为艺术重于诗情画意，重于意味无穷的境界，其实，以小以简洁来表现博大深远更难。美不在于规格及体裁的大小，而在于有不朽的生命力。

对于盆景的素材则可以不必苛求，世界之大，草木之繁，是不可局限的，当然盆龄也应要求，盆龄太小，根本不能表现苍劲功深，不能体现出树木的成熟与沧桑之美态。

盆景本身是景、盆、架三位一体的艺术表现形式，它传承了中国悠久的灿烂文明的精华，将多位艺术融于一体，这种评选规则是正确的，我是赞同的，如果没有这些基本的元素，就很难表现盆景的特殊之美，就更谈不上文化气息了。景、盆、架不完整的，我认为不能参与评比。

我个人觉得盆景评比应有一套公认的完善的标准。真正的好作品应该得到业界认可，只有这样才能创新发展，只有这样才能提高盆景的创作技艺。我希望盆景展的评比是透明的，这对

中国盆景艺术的开拓发展，是非常重要的，伪艺术永远不会成为有生命力的艺术。盆景展上的评比可以采用不记名投票评分的方式操作，以杜绝关系、情感等因素对作品评定的影响，公正的评比才能促进中国盆景艺术的发展，提高盆景人的创作热情，有利于盆景艺术的全民参与。

话说盆景

Talk With Penjing

文: 梁维繁 Author: Liang Weifan

打开《中国盆景赏石》这本书,总有许多让我感动的言语。中国终于开启一个让世界盆景界了解中国盆景的大窗口。

盆景是在中华民族文化的这片沃土上孕育成长起来的艺术,必定带有许多中华民族的性格和气魄。两千多年前的祖先们就已经想到把盆景作为人类亲近自然、怡养天年的手段,足见他们闪耀着智慧的光芒。今天世界工业革命的结果使得物质条件更丰富了,但对人类的发展而言,是好是坏呢?过度地掠夺自然,人类已得到了一次又一次的报复;物欲的膨胀,人类开始收获"无法安宁"。

对于中国盆景的发展,我们任重道远,要做的事还有很多很多。

关于评奖,评奖是盆景发展的方向标,只有把真正优秀的作品评出来,才能更好地引导盆景作者创作出许多优秀的作品。也只有在我们国家拥有许许多多的优秀作品的时候,我们才会拥有话语权。"规范"是一个突破口,首先,应当早日实现每个评委单独打分,景、盆、几架分别评分,景中又分根、干、枝,最后是效果分,5~9个评委打出分,去掉一个最高分,去掉一个最低分,其余累加或平均为最后得分,签上名后,

张榜进行公示。其次,评委应采取回避制度,作为评委就不能参展,参展就不能当选评委。特别是国家级的展览更应该做个表率。

关于盆景规格,中华民族是一个大义凛然的民族,没有必要去学别人限制这限制那,束缚了自己的手脚。展览过程中存在一个陈列的威势的问题,但不能通过一刀切来解决。艺术不在大小,"大有大的威势,小有小的玲珑",至于个人喜好,应该不予干涉。

关于树种问题,树种本无贵贱之分,人类强加给它们而已。作为艺术品,

盆景是灵魂安身之处，是精神依附之体。将自然中的美景浓缩于院中，将参天古木浓缩于盆盎之间，任由您去呵护。在不经意的某个早晨，它涌出一个个新芽，一朵朵美丽的鲜花，回报您一个春天、一个世界……盆景，它不仅是一门艺术，而且是中华民族文化的重要组成部分，我们需要打造一部世界一流的盆景杂志，我们要倡导一种崭新的理念，它不是商业，而是文化，是艺术，是生活。

讲的就是艺术，讲的就是你的创意和功力。关于树种的长寿问题，每个人都非常清楚，自然界中不仅有千年的松、千年的柏，而且还有千年的古榕、千年的胡杨、千年的榆、千年的朴、千年的黄杨等都是可以制作传世作品的好材料。

关于盆龄问题，不可否认，盆龄越长盆树的苍古味就越浓，但我们应该正视的一个问题是，我们在选择盆景时，首先要看的是它的造型还是苍古味呢？而我们是应该怎样来判断它是老干新枝好，还是新干老枝更好？现实中，

我们在培养盆景的过程中遇到盆景枝条老化问题，作品生命力减弱，又得重培（特别是雀梅等树种），让树势壮旺起来。难道这些都是不应该吗？其实有些盆景虽刚上盆10多年，并不嫩相。相反，有些盆景虽上盆养了几十年，戴着一顶"绿帽子"，或被剥皮，只剩一根"血管"，虽枯骨大片，枝条依然没有办法表现出"苍古味"来。我们并不反对苍古味浓一点的盆景，但仅用苍古味来衡量盆景的艺术水平是行不通的。"舍利干"是大自然的杰作，并非是谁

创造出来。然而，如今许多人不去追求盆景的"生境"，而盲目地去渲染，去追求所谓的"枯古"。岂不知"枯"不等于"古"，"古"也不等于"枯"。对于盆景而言，没有了生命力的东西，它能美吗？中国盆景所追求的诗情画意是植根于中华民族文化的基础之上，是高尚而健康的，是奋发向上的民族精神的体现，是56个民族大融合的气派。

而且，制作盆景谨防崇洋媚外、急功近利的思想。艺术最忌"千人一面"，可是我们看看现在从外面进来的东西，几乎都是一个模样，有的惊险有余而美感不足，有的就是一团糟，没有主题，没有意义。齐白石曾说过"学我者生，似我者亡"，学习别人的目的是超越自己，而非跟在别人的屁股后面跑。我们的盆景玩家花大量的真金白银从中国台湾和日本购进盆景，那么，许多年过去后，我们拿什么样的作品出去换回更多的真金白银呢？

盆景事业是文化产业，是生态工程，做好了对全人类都有益。我们把盆景产业做强做大是在为政府分忧解难。因此，各级盆协要加强与政府的沟通，力争得到政府的支持。同时，我们还要力争政府加大力度培养盆景人才，根据实际情况丰富地开展各种展览活动，做好盆景的对外宣传和贸易交流。我相信通过中国盆景界同仁的共同努力以及各界对盆景事业的支持，不久的将来中国的盆景事业一定会如破竹之势，节节高升。

树木移植的国际做法（连载三）
The International Method of Tree Transplantation (Serial III)

文: 欧永森 Author: Sammy Au

作者简介

  欧永森，中华树艺师学会会长，香港树木学会会长，国际攀树学会会员，国际棕榈学会会员，英国皇家园艺学会会员，香港园艺学会终生会员。

4. 包装土球

  土球的包装材料，传统上是用粗麻布，主要是考虑到材料的强韧度和透水透气性，近年来已被化学纤维布取代。不管是用什么材料，一定要把土球包扎牢固，以便吊运。

5. 吊运上车

  吊运方法以吊起土球的重量为主，附托树干为辅，这样子便能保护住土球里面细小的吸收根不被弄断。如果相反的只吊树干而不承托土球，有可能会：

  ①土球的重量撕裂里面的吸收根。没了吸收根，树体会最终缺水而死。

  ②土球的重量令套在树干上的吊索滑动而撕扯断树皮以下的韧皮部和形成层，令树冠的养分不能抵达下部，令树体慢性死亡。

  西方国家有些时候，也会在包装布外面多加一层铁网，用来分担吊运重力。这种做法成本较高，但在某些情况下很有帮助。

  吊到卡车上的树木，只能够放一层。不能够为了节省运输成本，就把树木叠成两层或几层，因为上面的重量，在运输的颠簸过程中，会把下层的土球压破，又把下层的枝条压断。

  如果要在树与树之间的缝隙当中放一些其他东西，例如灌木、工具等,也必须保证这些东西不会在运输过程中对已包装好的树木造成伤害。

树木放在车箱上,普遍以土球向车头,树冠向车尾最为顺风,但如果数量不多,也可以头尾对放,尽量利用空间,只要放平一层不逆风就成。

注意树冠和土球都要绑好垫好,不让它在途中滚动。再把装好的树木在上面多包一层遮光网来做流线形避风,这样子就大功告成。

6. 中途运输

这里最重要的就是水,运输中的树体很容易被风干,如果是高温、干燥、强日照的天气就更为严重。所以,每两个小时左右,就要把车停下来,给土球和树冠浇水。

浇水的时候,要记住根部才是树木吸水的部分,而不是树冠。树冠浇水只能减慢蒸腾作用,并不能为树体吸水。土球方面也不能浇水太多,以防融化破裂,只能适量而止。

7. 新树洞的事前准备

一定要先挖好树洞才把树搬过来,不要反着来做,因为:

①可以先侦察到树洞里面是否滞水、有否有管线存在、有否有其他障碍物存在等。

②不让已搬到的树木在等候挖洞,呆在旁边日晒风干。

树洞最好在搬树到来的前一天挖好,挖好的树洞太久的话,其旁边的土面会风干硬化,而在覆土种上树后,难以吸水融化和土球融为一体。

新挖树洞的直径,国际上一般要求在土球直径的2~3倍。

为何要那么大啊?因为:

①放进土球后,旁边回填的土都是松的,方便新根长出和呼吸。

②浇水会令松土平均分布在土球周边,有利于吸水和发根。

由此可见,如果树洞太小,土球旁的土又实又硬,不透水透气,土球的新根便难以长出。根长不出,树木如何

长大?没根的树难以健康生长,可能经常发病,又难以在风中站稳,往往一吹便倒。

那这是不是城市绿化种树的最终目的?谁又需要为此来负责任呢?

8. 树木卸装和工地内运

被移植的树木到了现在,已经过五关斩六将了。但是,移树还未成功。

树木安全运抵工地后,下一步就是由监管人员在货箱上检查、卸运和内运种植地点。在车上检查是很重要的,假如运到的树木名不副实,或是质量无法接受,也就干脆把它送走,不要卸运,免得多做一翻工夫。如果检查合格,监管人员理应签认确定,以厘清责任。

运的时候,最后一棵吊上车的,理应是最先一棵吊下车的,这样子可将树体之间的混乱摩擦减到最少,避免伤害。如果没有计划地随便这里拿一棵、那边拉一棵,土球、树冠都被胡乱的拉扯一番,很容易裂球断枝。

下吊运的方法跟吊上车的做法一样,同样以吊土球为主,吊树干为辅。土球落地之前,板车或其他机械应在下面等候,进行内运。如果土球能够直接吊到新树洞里,那就再好不过了。

运到的树木最好当天就种好,不要丢在工地上过夜。

9. 树木种植、现场修剪和实时护养

到了现在,树洞已经挖好,树木也已安全运到,是否马上种上去、覆土浇水、便完成任务了?

首先是要如何安全的把树木放到树洞里边。如果就是硬推带拉,结果弄裂了土球,那也就前功尽弃了。工地上很多被移进的树木,就是没有小心这一点,结果功亏一篑。

放树正当的做法应该是,要用多条宽布带,从各方把土球平均承托,然后轻轻地放到树洞里,再把布带一条一条的拉走,这样子土球就可以不被弄破,保存完整。这也是西方国家不喜欢搬大树的原因之一。

土球要种多深?国际上的习惯是,要把根颈地带种在距原土面约5cm的高度左右,以便土球上层50cm厚的发根区长出横根。换句话说,是种浅,不是种深。

解除包装布后，树冠里面可能会有因为长途运输而被风干掉或压断的枝条存在，这个时候要马上把它清除，不要让病虫害在其上面发展。

研究指出，如果把根颈地带深种 10cm 以上，新根会因为缺氧而难以长出，长出的"不定根"（adventitious roots）无论在大小和密度方面，都不能代替原来的根系，只能勉强为树体维持生存而已，更不用说生长了。在整片新种的树林里，如果当中有个别几棵的长势明显放慢，深种可能就是其原因。

如何拆土球的包装袋？

如果是麻布或化纤布包装袋，要用利刀小心地把它剪开弄走，不要伤及根系。如果是吊上去很重已经站稳的大树老树，最好要把树身表面的包装布部分剪开弄走，底下被压着土面的部分，如果因为重量拉不走也无所谓，因为这里被压扁了没有氧气，根很少会从这里长出，大部分根会从土球直面的旁边往横长出。按照同样的道理，如果是包装袋外面再套上铁网的话，铁网和包装袋只需剪到袋底，压着的部分也可以不剪。

市面上有一些所谓的"种植袋"，强调可以全冠移植，其原理不外乎就是限制了根系的生长，而形成像根瘤状的不正常现象。这些根瘤很容易在撕开包装袋的时候被弄断，结果根系同样受伤。国际上对使用"种植袋"还没有明确的说法，研究尚在进行中。

需要为覆土施肥改造吗？

有些园艺操作守则规定要为覆土施底肥、混拌有机物、生根素、吸水珠等材料。研究指出，拌进的材料其实作用不大，因为新根没多久就会长出这个范围，到原来的土里面去继续吸收伸展，进行根系固定。这种在花盆里行得通的做法，在大自然里可能是无所用处。

还有如果施底肥不正当的话，新根一长出来就会被高浓的盐分烧掉，结果弄巧成拙。改良过的覆土，也会造成与原土的水肥分布不平均，令偏生根和盘根容易开展，导致树木日后有倒塌危险。

把土球放到树洞里，并调校好至合适高度后，就可以进行覆土。

覆土的时候，最好使用花洒式浇水，让回填土和土球保持湿润，而不要用强力水柱把土球冲崩。边回填边浇水的供水方式，比统统回填好才从泥面灌水的形式，更能使所有回填土和土球缓慢吸水，因为只在种好后只浇灌泥土表面，水可能是流到别的地方去，而不是直达土球，结果白做。

有人会在把树木种下去后，在土球顶用回填土围一圈的小水坝，把灌溉水形成一个小水塘，让水慢慢地往下渗。这种做法是有效的，但千万别忘了要在几个月后，要把土坝打开放水，否则土球上部会被不停地灌水储水，而导致泥土封压，不再透水透气，从而产生根腐病。

树种下去后，下一步就是把树冠上面的包装布打开。这里也要小心不要把枝条树叶弄伤，若用大砍刀来乱割一通会造成破坏，所以应该用剪刀小心地把包装布和绑绳一刀一刀地耐心剪开，慢慢把整个树冠释放出来。

解除包装布后，树冠里面可能会有因为长途运输而被风干掉或压断的枝条存在，这个时候要马上把它清除，不要让病虫害在其上面发展。

在处理好树冠后，应该用强力水喷洒一下树冠上的泥尘，并缓慢地给土球做最后一次灌水，方叫种好。　　　　　　　　　　　　　【未完待续】

SPECIAL
RECOMMEND

▶ 本书特别推荐

中国四大
专业盆景网站

请立即登陆

中国岭南盆景雅石艺术网

|http://www.lnpjw.com

盆景乐园

|http://www.penjingly.com

盆景艺术在线

|http://www.cnpenjing.com

台湾盆栽世界

|http://www.bonsai-net.com

图1黑松"烟云供养"

T黑松盆景的制作
The Production of
the *Pinus thunbergii* Penjing

文: 曹克亭 Author: Cao Keting

黑松以它独特的魅力、特有的风韵和广泛的适应性、可塑性受到中外广大盆景工作者的关爱和重视。中国盆景特别是黑松盆景在近十多年来迅速在全国掀起一场黑松热。这样首先出现的是山采黑松、山松、高山松(黄山松、天目松)大量下山。这些山采黑松,特别是出产在柴山上的黑松,岁岁经农民砍柴,几十年过去山上的黑松已伤痕累累,但低矮而壮,天然成伤很好,鬼斧神工造就了大量的黑松盆景所需的佳材。

正是有了这些好的黑松素材,就给松树类盆景发展提供了美好的前景,但要使这几年下山的黑松在未来的岁月里多出精品,使我国的松树类盆景能走向世界,还要下很大工夫,有了好素材不等于有好盆景。

下山黑松桩(图1)的制作和养护如果按以前的老方法制作和养护有很大难度,在过去我国松柏类盆景比较发达的地区是江、浙、沪,广东也有部分山松,但所用的素材山采量很小,所用素材均以园培的五针松、大阪松、罗汉松为主,在制作的形式、蟠扎技术上和管理技术都比较简单,缺少科学性、规范化。而一棵下山的黑松,在下山时关键的技术是保证成活,这在山采时就尽量要保证土球的完整,同时土球也挖得比较大,这样在今后的上盆过程中,还要对根部进行修整,有的要进行几次修整才能达到树和盆的正确比例。本文为什么再三说明,下山黑松桩上盆的调整,就是说在制作前必须要使上盆的桩和盆的配置达到正确比例以后,再对黑松进行制作,我们有很多同行在黑松桩种到地时,树势还没达到丰满,就急于制作,制作后再上盆,由于在配置盆时,对根部还要进行修剪,处理得不好,树桩还会死掉,如果这时死掉,这就造成人力和资源的浪费。山采黑松在制作前首先要解决的是将

> 要想培育出好的盆景，了解植物生长规律是至关重要的。

二三级养护丰满，保证树势健康，只有健康的树才能造型。总的来说一棵下山黑松从成活到能够造型至少要经过三次以上的对盆的调整，这其中还包括翻盆、根部处理、用土、施肥、嫁接、二次芽的处理，使树态丰满，再到制作成形，这一整套的技术，必须要熟练的掌握。这一整套技术如果仅靠过去的一点经验是很难完成的，必须要经过"三冬四夏"的亲身体验，"吐故纳新"、"兼收并蓄"，吸取外来的先进管理方法和制作技术，才能顺利完成从下山桩的成活，再到成型盆景，要想获得精品，还要下更大的工夫。

广大盆景工作者对山采黑松素材如此情有独钟，关键是山采黑松的"独一性"，松树生长在山上不同地理环境，受气候的影响，再经农民的砍伐，更是生长的千奇百怪（盘根错节、虬龙盘曲、多干丛生、变化多端……），也有虽经砍伐但仍挺拔向上，山采黑松棵棵都不一样，千变万化独一性特强，形成了可以做出珍贵的黑松盆景的上好佳材。我们在动手制作前要根据该树的特点认真分析、认真阅读，重要的是最大限度发挥其自身的优点，保持山采黑松的野味和独一性。

关于黑松盆景的制作时间，我们很多同行都不太会注意和掌握，按照传统的做法黑松制作时间大都会安排在冬春二季，这一时段被普遍认为是松树的休眠期，有利于黑松盆景制作，成功率高、不易受损或死亡。作为一个专业的盆景工作者，每年用四五个月的时间来制作盆景是远远不够的。笔者通过数十年对黑松盆景生长规律的了解，冬春二季虽然是黑松制作的季节，但夏季是黑松生长的旺季，也是全年中造型的最佳季节。

要想培育出好的盆景，了解植物生长规律是至关重要的。制作黑松盆景最大的挑战和乐趣在于你了解了它的生长规律，每天每月你都为它忙个不停。六、七、八月份是一年中气温最高的3个月，也是全年中黑松生长期的主要时期。你用手去摸一下黑松的枝条就会感到，这期间的枝条很软，弹性很好，此时为黑松最佳造型期。在我们掌握了最佳制作时间后，制作技艺就成为保证下山黑松桩能否制作好的关键，制作前，作者要认真审视所要制作素材的优缺点，再看能否制作成想要达到的树型，可以先画好稿子。制作的顺序应先主干后二、三级枝，最后扎小片。要知道再好的下山黑松桩都不可能达到十分完美，有的树坯仍需进行弯曲调整才能达到理想的构图，下山的黑松一般都比较粗大，其最大特点是可塑性强。在掌握一定的技术后，10cm 左右的二、三级枝仍可进行弯曲。具体是你可以使用一种"花篮螺丝"来扦拉10cm 左右的二、三级枝，所要注意的是所要弯曲的部位一定要用麻坯保护好，否则会出现断裂。使用"花篮螺丝"既方便又有力，如一次达不到所须弯曲的角度，可以分几次完成，直至达到理想的角度，在完成了主干和二、三级枝的调整、弯曲后，细一些的枝可以用金属丝来蟠扎完成，特别是小枝片的蟠扎要明确对该片的方向，走向大小的要求，规范操作。布置严密，务必使线条流畅，

图2、图3西海大峡谷奇松（局部）

图 4 西海大峡谷奇松

金属丝蟠扎的好坏直接反映出作者的基本功底,它是盆景制作之关键技术。夏季黑松体内的松油脂很稀,流动很快,即使在制作过程中受伤或者断裂,在使用愈合剂后,愈合也很快。由于夏季是黑松全年生长的最旺盛阶段,六、七、八三个月中所蟠扎的枝条到十月份后基本定型,定型后的铝丝线要及时拆除,否则会被树皮包上,如包上再拆除就会留下痕迹。按照树木自然生长规律,将制作难度大的黑松安排在夏季比冬春二季制作能取得更理想的效果。

关于舍利干和神枝的制作: 由于我们所用的黑松盆景素材很大部分来自柴山,岁月使它们身上伤痕累累,树干上和树身上都留有部分枯枝,这部分枯枝怎样处理很关键,笔者认为主要因材制宜。树身上枯枝如锯掉,会留下很大锯口,有的一连有好几个枯枝,如都锯掉锯口多,树身就很难看,自然愈合要很多年都不一定能行,如果将这部分枯枝加以利用做成舍利干,可以增加美感。

我们的山水名山——黄山,以奇松、云海闻名于世。在黄山的天都峰南坡,20 世纪 80 年代初曾有游客不慎将烟头丢到山上引起山火将南坡的部分黄山松烧掉,也有部分虽然遭火灾,但由于黄山松顽强的生命力,有一部分又活了,复活的树,树身上有部分成活、部分烧掉,经过数年的风雨,烧死的枯枝部分去皮留心,演变成神枝。有的整棵树都完整地遗留下来,生死相依,更具神采。在黄山的西海(图 2 ~ 4)、北海(图 5)等一些悬崖绝壁上都有奇松飞身临空,临危不惧。黄山松由于生长在特别的环境,容易遭受雷电,又因落石、雪压使部分树身枝干受损,但受损的部分地久天长都变成死而不腐的神枝。神枝使这些松树变的更精神、更顽强、更富有生命力。在北京有先有潭柘寺后有北京城之说,潭柘寺中七棵古松树(图 6),这七棵古松,俨然是大自然制作的七棵盆景,神枝飞扬、跌枝飘逸、层次分明。在山东曲府和泰安岱庙中的千年古柏中有部分遭雷电侵袭的枝干都演变成舍利干和神枝,格外壮观。同时我们通过观察自然"外师造化",神枝和舍利干并不是我们人为的想象,而是自然赋予我们的精神。

如何正确利用好树身上的缺点,枯枝使之充分发挥作用,制作成舍利干、神枝是最好的选择,但关键是掌握好舍利干、神枝在整棵树中所占比例关系,恰到好处,起到画龙点睛的作用,避免像人们说的满树白骨,这是至关重要的。笔者认为舍利干和神枝在整棵树中的比例不能超过 30% 上下,树身部分更不能通体全白,看不到活的部分。

黑松舍利干神枝的制作,应和柏树的舍利干,神枝

The Production of
the *Pinus thunbergii* Penjing

的制作有所区别。黑松树身的鳞皮是展现它的岁月沧桑感和力度，是黑松盆景美的重要构成部分。如果将健康无损的树身也做成舍利干，那将是最大的错误。当然，充分利用好树干的枯面和枯枝，使之增加美感、岁月感，应是当代黑松盆景制作的一大特点。

黑松舍利干和神枝的制作，要与柏树的舍利干神枝的制作有所区别，黑松与柏树生理、木质构成存在着本质的差别，因此黑松的舍利干、神枝的制作要体现松树的苍劲、雄健，要相对粗放，线条的构成要奔放有力。在制作过程中如出现多余枝条要剪掉，而你感到剪掉留有伤口

影响美观要留作神枝，但这种新鲜成活的枝条如果马上就做成神枝，几年后就会慢慢烂掉，留下的枝条应先剪光所有针叶，经过几年慢慢收缩体内松油脂，二三年后该枝就会变得很硬，这样的枝做成神枝才不会烂掉。

舍利干和神枝的制作在前面说了要因材施制，同时不能见树就雕。如台湾的真柏每棵都雕作了舍利干，千篇一律给人的感觉匠气太重，而这种园培的真柏树龄不长，木质部分硬度不够，舍利干容易很快烂掉。特别是我国有的地区雨水多，更容易造成舍利干烂掉，还会影响到树的寿命。

> 黑松舍利干和神枝的制作，首先要到自然中认真写生，体察古松、古柏的天然舍利干、神枝的构成、旋转、力度、线条飞扬……

图5 北海始信峰双松

制作舍利干和神枝是现如今盆景工作者所必须掌握的技术之一。要熟练地掌握这一技术，特别是黑松舍利干和神枝的制作，首先要到自然中认真写生，体察古松、古柏的天然舍利干、神枝的构成、旋转、力度、线条飞扬……这些特点是研究它形成的主因及构图(图7)。自然界中的舍利干、神枝更是变化万千，它如同我国书法艺术中的草书，由各种线条组成，如果你想成为一位书法艺术家，

那你就需去认真地临帖，去体验古帖中的千变万化，付出辛勤的劳动才能写出优美漂亮的书法。而制作舍利干和神枝同样要付出辛苦劳动、锻炼、多做，其关键是多做，多做你就能熟练，熟练才能多变，多变才能出效果。我们在制作过程中无论你是用电动工具或手工雕刻，主要的目的是要有利于创作，电动工具只要你熟练掌握后，就可以减少劳动强度，效率也高。用电动工具再辅以手工是最

图6 北京潭柘寺古松

图7 曹克亭在黄山写生

好的选择。现在有人过多宣传手工雕刻,这其实是一种人为的炒作,千篇一律的雕刻手法只能作为一种个人风格,如果广泛地运用到松柏类盆景雕刻中, 那就失去了舍利干、神枝存在的意义,舍利干和神枝是大自然的杰作,我们要源于自然,回归自然。

舍利干和神枝的制作最好分二步或三步来完成,也可先粗做后再细作,盆景是活的艺术品。我们要根据树冠的成长来完成舍利干的制作,每一位盆景艺术工作者都要树立自己的风格,别人的技术、风格只能作为一种借鉴,千万不能照抄。

因材施宜,保证山采黑松的独特性,是制作黑松盆景艺术最基本的创作思想,学习日本盆栽的管理,制作技艺是必须的,但在基本造型上不能摹仿,否则我们的松柏盆景的造型也会像日本一样走进死胡同,千树一面。日本的盆栽和中国的盆景艺术,一个是盆栽、一个是盆景,"栽"和"景"在基本创作理念上却差之万里,日本的盆栽是以技艺为主,追求的是一种技艺上的比拼,是标准化.模式化。中国是盆景艺术,景是人文思想的追求。中国盆景是由文人创作为起源,是人与自然天人合一的产物,是中国传统文化中的园林艺术里的结晶,所以说中国盆景为活的艺术品。既是艺术品它也展现一个时代的形象记录,同时又是艺术家人格和心灵的表现。

真正有价值的盆景艺术作品,不仅在于一种外在造型形式美,更在于显示着艺术家崇高的思想境界和精神追求。罗丹说:"美的作品是人的智能与真诚的最高表白",盆景艺术创作需要真诚,它是艺术的真实灵魂。

"外师造化,中得心源",黑松盆景作为一种造型艺术和文化,作者就要掌握造型艺术的基本功。掌握绘画本领,能外出写生。同时应对诗歌、绘画、书法、音乐等都要有所掌握和了解,亲临名山大川,领略大自然中名山大川中的名山名松的风姿和松树在大自然中的雄浑大气,身居山顶悬崖又不惧夏季烈日、风雪、严寒,临危不惧、永远向上的精神。

盆景艺术与绘画同样是发挥作者"生命的张扬",既要传统的底蕴,又要时代的气息,也要容纳繁多的文学修养和表现手段,然而更需要强烈的个性。

The Production of
the *Pinus thunbergii* Penjing

廣東真趣園全景

品名：真趣松
命名：蛟龙探海
规格：飘长238cm
作者：广东真趣园

中国真趣松
科研基地

谁经过多年的科学培育，大胆创新，培育出了世界首个海岛罗汉松的植物新品种——"真趣松"？

报道：2010年3月，国家林业局组织专家实地考察，技术认证，确认"真趣松"为新的植物保护品种并向广东东莞真趣园颁发了证书。

广东真趣园一角

地理位置：广东东莞市东城区桑园工业区狮长路真趣园
网址：www.pj0769.com
电话：0769-27287118
邮箱：1643828245@qq.com

主持人：黎德坚

广东真趣园六周年志庆

大有发展前途的盆景树种
——异叶南洋杉
The Very Promising **Bonsai Tree**
— *Araucaria heterophylla*

文: 王琼培 Author: Wang Qiongpei

异叶南洋杉,又名诺福克南洋杉、澳洲杉、美丽南洋杉、英杉,原产于澳大利亚诺福克岛。该树种株形美观,耐阴、耐旱,适用于制作各种类型的盆景,受到人们的广泛青睐。

图2 立起提根

图1 局限性栽培

一、 异叶南洋杉的发展概况

福建省福州市是全国最早引进异叶南洋杉的地区。据报导,1864 年由外国传教士从澳大利亚引进的异叶南洋杉种植于福建师范大学生物系院内, 目前树高已达 35m,胸径 1.2m,被称为 "异叶南洋杉王"。

19 世纪 70 年代,福建省树木园利用异叶南洋杉种子进行播种繁殖,但因其发芽率低, 未能在短期内获得大量苗木,后又采用茎干扦插繁殖,获得了一定数量的苗木,随之向福州郊区建新等地推广种植,数年后,又改用根插育苗,大大加快了繁殖速度。因市场对异叶南洋杉需求不断上升,育苗面积迅速扩大,目前福州郊区年产异叶南洋杉盆景和苗木已达到数万至数十万株规模,批量销往全国各地。

图3 附石盆景

图4 附石盆景

二、 异叶南洋杉的主要特点

异叶南洋杉之所以能获得不断发展,并受到人们的广泛欢迎,主要是由于它具有如下特点:

(一)异叶南洋杉适应性较广,虽然属热带树种,喜温暖湿润的气候,生长适温 20~30℃,但经过南亚和中亚热带多年种植后,逐步北移,它的耐寒性也不断提高,据观察,冬季在室外,遇一两天霜冻情况下,仍无发生冻害,因此,近几年来除在南方各省大量推广栽培外,还向长江流域甚至长江以北地区扩散。异叶南洋杉虽然是阳性树种,但又较耐阴,适合于室内长期摆放,在室内光强适于人们生活的条件下,摆放半年甚至一年,枝叶仍然保持青绿,不但不会枯黄,而且还有微量生长,这是其他树木盆景所无法比拟的,也是异叶南洋杉能够进入千家万户的重要因素。异叶南洋杉是针叶类树种,叶片蒸发量较低,且其根部又贮存大量水分,因而比较耐旱,在长期不浇水土壤干燥的情况下,仍不至死亡。对土壤要求也不很严格,只要质地疏松,中性至微酸性,肥沃度中等,无污

染的土壤,均可正常生长。

(二)异叶南洋杉株形比较美观,枝条呈轮生状,小枝前端下垂,使各层轮生侧枝层次不像鳞叶南洋杉那样距离明显,株形优雅自然;主干和根部生长过程会形成横向脱皮,表皮呈褐色或古铜色,因脱皮时间不一,会出现颜色深浅不同的斑纹。根部表皮光滑,颜色淡褐,经过造型后,成为千姿百态、非常奇异的形状,十分引人注目。

(三)异叶南洋杉生长较快,制作盆景生产周期短,在环境比较适合,栽培管理较好的情况下,制作中小型盆景只需要 2~3 年时间,大型盆景需 4~5 年时间,福建省福州郊区花农采用根条嫁接嫩枝的办法,使得生产周期比单纯的

异叶南洋杉株形比较美观,枝条呈轮生状,小枝前端下垂,使各层轮生侧枝层次不像鳞叶南洋杉那样距离明显,株形优雅自然。

异叶南洋杉可用于制作微型、小型和中大型盆景，是比较理想的树种之一。

图5 茎部造型

根插缩短一年左右。采用根插繁殖，繁殖材料来源较易，每年可从起苗的地里或在换盆过程，取得大量断落的根条，作为繁殖材料，为大规模商品化生产提供了有利条件。

（四）异叶南洋杉病虫害极少，几乎无病虫害发生，而且常年青绿，没有落叶，管理养护花工少、成本低。

三、制作异叶南洋杉盆景的主要技术环节

异叶南洋杉可用于制作微型、小型和中大型盆景，是比较理想的树种之一。异叶南洋杉盆景的制作技术，综合起来主要有如下两个方面：

一是根部造型，这是异叶南洋杉造型的重要环节，根部造型的好坏是体现异叶南洋杉盆景价值高低的主要指标。造型方法主要是根据作者设想，采取局限性栽培方法（图1），把根部框定在一定范围内生长，使其自然缠绕连结在一起，经过一定时间的加工培育，形成千姿百态、颇具观赏价值的根块。也可以采取立起提根（图2），以根代干的办法，也能制成亭亭玉立、非常美观的

异叶南洋杉盆景，或在提根后，将根部弯曲下垂，形成优雅多姿的悬崖式盆景，也十分惹人喜爱。用制作附石盆景的方式（图3、4），更能较好地显示其根部的优雅风姿。总之，可采取多种多样的形式，把异叶南洋杉根部的形态美充分展现出来，让人们欣赏。此外，异叶南洋杉根部提起露土后，要加强养护管理，尤其是摆放在室外的，在夏秋季高温阶段应适当遮阴和增加环境湿度，同时，要注意防止根部灼伤和腐烂。

二是茎部造型（图5），茎部造型应从小苗开始，在直径较小时进行缚扎弯曲造型。但是，为了培育根部，数年后主干粗大，原来的弯曲造型，又往往与根部形态不相对应，为此只好把主干锯掉，让其重新生长新技，再进行造型。不仅如此，异叶南洋盆景如不修剪，让其生长数年后，顶端枝条长出的叶片也会出现变形，枝条前端不下垂，小枝分布零乱，影响观

赏，因此也要进行枝叶更新。截干时间一般选择在五月份，气温稳定在20℃时为宜。截干后约一个月时间，才能萌发新芽，而后删除多余的嫩芽，留下对造型有用的芽，再经二三个月时间，方可形成轮生片状分枝，达到观赏要求。夏末秋初寒流还未到来前，也可进行截干，但其新芽萌动后生长缓慢，要到第二年六七月份才能形成片状分枝。

异叶南洋杉的分枝生长形态与环境条件和本身长势强弱有很大关系，当环境条件适合，栽培管理得当，根部健壮，茎枝长势旺盛的植株，截茎后，一层轮生分枝可达7~8条，否则只有2~3条，而且小枝也很少，造成枝条不够丰满，影响观赏价值。因此，在茎干剪裁前培育成健壮的根部和旺盛的长势，截干后又有适宜生长的环境条件，更新后的新枝就显得丰满美观，这是异叶南洋杉枝条更新应特别注意的一个问题。

SI CHUAN

四川园林绿化盆景地标

成都市温江区万春镇黄石村三组

成都温江区三邑园艺绿化工程有限责任公司，网址：www.sanyilvhua.com

是"中国盆景艺术家协会团体会员单位"和"四川省重点花卉生产企业"，也是拥有国家园林二级资质和资产 2000 多万
的集花卉、苗木、盆景制作、园林规划、设计、古建施工为一体的专业公司。

映山红是不可多得的观花盆景树种，能为制作者和观赏者带来极强的观赏体验。然而它的习性与养护技巧也与其他树种有所区别。

映山红盆景的制作与养护
Production and Conservation of Azalea Penjing

文：吴润平 Author: Wu Runping

映山红盆景性喜阳光充足、水分充足，和通风良好的环境，在能保水又利排水的微酸性土壤中生长良好。

一、映山红的习性

映山红盆景性喜阳光充足、水分充足和通风良好的环境，在能保水又利排水的微酸性土壤中生长良好。我家的映山红盆景放在了三楼的楼顶上，四季都未做过处理，夏季38℃高温，冬季−13℃低温，从来没有出现过高温热死与低温冻死的情况，而且是枝壮叶茂、花朵繁多。映山红花蕾生长于当年新生枝上，顶端最多，每个新枝都能长出5~15个花蕾，每个花蕾开出5~10朵鲜花，盛花期时每枝都能开出一个大花球，60cm盆装映山红每年都能开几千朵、甚至近万朵鲜花，十分壮观。观花期能达50天之久，所以说映山红是不可多得的观花盆景树种。

二、映山红的栽培与养护
须根保留的多与少，不会影响下山桩的成活率，但是会影响到发芽与枝干的长势。

1.下山映山红的栽培与养护

采挖映山红以立冬前后为好，开花前次之，花后较差。一般来说，只要所采挖的桩头新鲜、管理得当，即可保证成活率。而须根保留多少，则会影响到发芽与枝干的长势。立冬前后的桩头最好，如须根多当年新生枝能长高1m有余，而且枝条十分强壮，次年春季还能开出少量花朵。开花前的桩头次之，花后桩头较差，就是须根多，树的长势还是发芽弱，长枝短。下山映山红应根据如何培养树势，一次性将树桩根部与枝干裁剪到位。之后立刻将树桩直接栽入盆中，浇足定根水，放于背风向阳之处。

随气温渐高，4月份晴天中午每天向枝干喷水两次即可。5月份晴天每天向枝干喷雾4~5次，另在映山红上方加盖75%的遮阳网一层。随气温越来越高，树桩枝条越长越高，应每天增加喷雾次数，除雨天每天应4~8次为好。

特别注意的是：高温季节傍晚喷雾一定要喷透，这样一直到9月份，随气温渐凉才可渐渐减少喷雾次数。10月底阴雨天将遮阳网拿掉，这时可停止喷雾进入正常管理。

将肥料、水分补充足，才能使当年新枝长旺长壮，给来年开花枝打下了基础。

2.成活映山红的养护

当年成活的映山红11月开始进入正常管理。为让其多长根，应在这个时期向叶面喷施0.1%的磷酸二氢钾复合肥，每星期一次，2~3次即可，无须另外追肥；在盆面撒上少许饼肥，每次浇水时就能慢慢让根吃到很薄的液肥，让其自然越冬；冬季盆土水分不可干透，保持稍干见湿为好。

来年3月份至7月上旬为营养生长期。加强肥水管理，掌握"浇2~3次水施一次肥"的原则，以氮肥为主、薄肥勤施的方法管理。随着3月份至气温渐高，约半月左右就会新芽齐出。映山红的出芽长枝多少直接关系来年开花多少，肥水管理一直到梅雨季节。

到了梅雨季节如雨水过多，盆土不易干而导致盆土太湿，无法浇施水肥时，可在盆面撒上少量干饼肥，来补充肥量，这样才能使当年新枝长旺长壮，给来年开花枝打下了基础。

映山红耗肥、耗水、耗盆土营养，开花量以每年50%以上的花量增加，因此2~3年要翻盆换土。

在阳台三层楼顶所种植的映山红

映山红每个新枝都能长出5~15个花蕾，每个花蕾开出5~10朵鲜花，盛花期时每枝都能开出一个大花球

60cm盆装映山红每年都能开几千朵、甚至近万朵鲜花，十分壮观

映山红的观花期能达50天之久，所以说是不可多得的观花盆景树种

3.多年映山红盆景的栽培与养护

映山红耗肥、耗水、耗盆土营养，开花量以每年50%以上的花量增加，因此2~3年要翻盆换土，时间在立冬前后与早春雨水季节最好。盆栽映山红没有主根，全都是很细的毛绒须根，将映山红小心取出后，小心除掉盆边与盆底1/3的泥土，要尽量保护须根（可用自来水冲掉1/3的泥土）。

映山红喜水怕涝，翻盆时在盆底一定要放一层粗沙作排水层，放一层较粗培养土后再用细土栽种，浇足定根水即可。如须根损伤很大，为保证来年春季开花质量，翻盆的映山红应摘除1/3的花蕾。无需施肥，培养土的所含营养冬季够了，浇水保持稍干见湿原则，来年春暖气温渐高、花芽萌动时，进入浇施肥水管理。

映山红因枝条太脆不易弯折，在制作盆景中十分容易折断枝条，15mm以上的枝条无法拿弯，用开干等手术都因枝条太脆而不会成功。

三、映山红盆景的制作技巧

映山红因枝条太脆不易弯折，在制作盆景中十分容易折断枝条。生长旺盛枝条在6mm以内能自由拿弯；6mm以上就要十分小心了，上10mm的很难很难拿弯了；15mm以上的枝条无法拿弯，用开干等手术都因枝条太脆而不会成功。如枝条长的弱有僵苗现象，千万不能碰，1~2mm粗的枝条都会一碰就断。

映山红有不同于其他树种的地方，80%以上的枝条树纹都是旋卷的。因此在绕铝线时，一定要按映山红枝条的旋纹向同一个方向走。

所有树种都有直性树纹，杜鹃也一样，可映山红有所不同的是80%以上的枝条树纹都是旋卷而上的，其紫花树桩特别明显，它的旋卷不稳定，顺时逆时都能出现。读者不妨自己做个测验：选映山红树桩上一根枝条（粗细皆可），在枝条基部留1~2cm剪除以上枝；用小刀一把，小剪刀一把，左手拿小刀将小刀刀口放于枝条断面正中，右手拿剪刀轻轻将小刀向下直线敲击切开。这时你就会发现，小刀把柄会自动向左或向右摆动，切到基部后所切切口不是直线，而是向左或向右的旋转斜线，这就是映山红旋卷树纹的表现。按照正常制作

盆景拿弯的方法给映山红枝条拿弯，因枝条太脆不易弯折，加上映山红生长有旋纹的习性，制作映山红如用铝线缠绕方向与旋纹方向相反，就特别容易将枝条折断。映山红不易制作大飘枝与独枝成片，也就是这个原因了。掌握映山红生长这一特性，用制作盆景常用的手法来制作映山红也就可行了，所不同的是，绕铝线时要按映山红枝条的旋纹左或右的同一方向走，绕好铝线后，按旋纹方向慢慢拿弯，就能达到理想的效果。怎样判断映山红枝条旋纹方向，介绍方法如下：仔细观察枝条表皮的外纹可隐约看到旋纹方向，如旋纹不明显，可用手将制作枝条中部慢慢向下轻压，这时枝条会按旋纹的方向稍有旋转，旋转的方向也就是旋纹方向。如枝条表皮外纹不明显，按枝条也不旋转，证明这根枝条没有旋纹而是直纹，那缠绕铝线的方向也就不计较了。

掌握以上技巧，制作时间从花后至立冬前都可进行。所要注意的是，制作映山红时盆内水分不能太多，水分过多制作当中容易导致枝条皮与木的脱开。制作应选在浇水前进行为好，稍控水分随时都可制作，请朋友们不妨一试，共同探讨。

Talk With
浅谈
松类盆景
Pine Penjing

文: 朱永康 Author: Zhu Yongkang

松柏类的盆景最大的优点在于它的"持久性"与"可塑性",近几年来我所接触到的松类盆景大体上有五针松、大阪松、黑松、马尾松(山松)、赤松、白皮松、黄山松、油松、金钱松等,还有一些黑松、赤松、马尾松等在授粉扬花季节(4月20日~5月20日)里杂交的松树,其中除短叶五针松(华南五针松除外)、大阪松、黑松是日本及朝鲜半岛的外来树种以外,我国的固有原产树种有赤松、马尾松(山松)、油松、黄山松、白皮松、金钱松。因此,可以说我国松类资源丰富,

为制作盆景提供了得天独厚的条件,我在制作松类盆景时颇有心得,在此不妨与众盆景共同分享。

首先我们来谈谈黑松,黑松很适合我们华中、华东地区的生长条件,对病虫害的抗性较强,对松毛虫、松干介壳虫的抗力比油松及赤松都强。黑松为深根性树种,一年生苗的主根长达 20cm 以上。黑松的寿命也较长,在日本有 500 年以上的老树,在根上亦有菌根菌共生。

黑松中较著名的品种有 7 个: ① "一叶"黑松(连叶松),

作者简介
朱永康,现为中国盆景艺术家协会常务理事,南京职业盆景协会副会长,南京江宁城建园林总公司技术总监,中国杰出盆景艺术家,中国盆景高级技师,高级园林工程师。

两叶愈合成一叶,或仅叶端分开;② "金叶" 黑松,枝上绿叶与黄叶混生;③ "万代" 黑松,近地表处分生多数枝条,形成半球形树冠;④ "旋毛" 黑松,枝叶呈螺旋状弯曲;⑤ "篦叶" 黑松,枝叶全着生小枝一侧;⑥ "白发" 黑松,纯黄白色的针叶与黄白斑的叶混生,树势弱;⑦ "垂枝" 黑松,枝下垂。

黑松与五针松、大阪松、马尾松、赤松都可嫁接,但不可和油松、雪松、白皮松互相嫁接。我们华东地区的黑松和华北地区的油松非常相似,油松在华东地区也能适应生长,相比之下黑松针叶比油松黑绿,冬季黑松芽头为银色,像白蜡烛一样,而油松芽头为暗红色,针叶比黑松要粗长一些。黑松起挖、移植的最好季节是阳历 10 月 20 日~12 月 20 日和阳历 2 月 20 日~4 月 5 日前后,移植时尽量多带点宿根土和根生菌土壤。

> 近年来盆景爱好者在华东地区 800m 以上的山中采挖到一种松树,广泛地称它为 "黄山松"。只要是在 800m 以上山上生长的树,树皮如龙鳞般老裂,铁干虬枝,它的出枝犹如惊鸿闪电,特别是它 "之" 型的闪电枝造型是任何松树都没有的造型。它在安徽黄山上最多,天柱山也很多,九华山、天目山都有。800m 高度是一个分水岭,800m 以下造型都很差,很像赤松,我想 "黄山松" 实际在学名上可以称它为 "高山松" 吧?

所用土壤最好是颗粒较大一点,透水性好的一点的土壤,极耐瘠薄土壤,我自己都用风化岩直接种植,效果很好。

黑松一年四季除去夏季最热的天气不要制作外,其他季节都可以绑扎、修剪、造型,但冬季造型后要放在阳光充足的暖房内,不要受冷风和霜冻侵害。黑松的切芽季节在华东地区是 6 月 20 日~7 月 5 日半个月内最好,但生长一定要旺,切过芽的黑松在 40 天内长出比以前多几倍的芽头。11 月份后抹掉多余的芽头,并在 12 月前清除掉发黄的老针叶,这样就又防止了病虫害的过冬,更利于黑松来年的生长。

近年来盆景爱好者在华东地区 800m 以上的山中采挖到一种松树,广泛地称它为 "黄山松"。只要是在 800m 以上山上生长的树,树皮如龙鳞般老裂,铁干虬枝,它的出枝犹如惊鸿闪电,特别是它 "之" 型的闪电枝造型是任何松树都没有的造型。它在安徽黄山上最多,天柱山也很多,九华山、天目山都有。800m 高度是一个分水岭,800m 以下造型都很差,很像赤松,我想 "黄山松" 实际在学名上可以称它为 "高山松" 吧?

松树盆景是一种极耐贫瘠的树种,只需要在春季和秋季温度在 15~20℃ 之间上些稀薄肥料即可。它的成型完全靠年功来精心地养护而成,并非是一朝一夕的事。五针松、大阪松、罗汉松盆栽于夏天最热的时候,在华东地区要进通风较好的遮阳棚里养护,冬天要进低温花房防止冻伤。任何松树类型的盆景在华东地区进入 6 月 15 日后 (江南的黄梅天) 到 9 月 15 日内,最好不要上肥,特别是没有发酵过浓肥,一上就死,本人就有在夏天上肥后,大批松树盆景死亡的教训。

一盆松树盆景要侍养成为一件人见人爱,得到大多数盆景同仁、专家、大师认可的作品,要经过 N 次的不断绑扎、修剪、切芽、抹芽、除毛、关键部位的枝条嫁接、防虫、治病;要经过十几个寒冬、酷暑。有的作品需要在失败中不断地反复,大部分作品都会沉沙折戟,不能修成正果,但我为了探求盆景艺术的真谛而孜孜不倦地追求,在不断地创新和发展中我苦有其乐,乐在其中。最后,祝广大的盆景同仁都能在创作与创新中享受到乐趣。

紫砂古盆铭器

Red Porcelain
Ancient Pot Appreciation

文：申洪良 Author: Shen Hongliang

清中期蓝釉彩绘桃花泥长方盆 长 20cm 宽 13cm 高 10cm 申洪良藏品
Early Qing Dynasty Blue-Glazed Pot with Coloured Peach Blossom Drawing.
Length: 20cm, Width: 13cm, Height: 10cm. Collector: Shen Hongliang

　　清中期蓝釉彩绘桃花泥长方盆，此盆的泥料是极细的桃花泥，是清中期的泥料。长方，典型的古渡小飘口，盆型简洁；抽角到底脚上下呼应，内凸外抽，内外呼应；底线增加了平面变化。双层底，底之间有圆弧过渡，两个笔杆孔。盆的平面、线条明快，硬朗，整体协调。小中见大。盆内外面都用明针光洁过。落款"荆溪逸士"，此款在茶壶上出现过。

　　同样受清代宫廷华丽气息的影响，此盆四面用蓝釉彩绘装饰。

　　蓝釉属高温石灰碱釉，呈色剂为氧化钴，最早出现于元代，但传世品不多。明、清两代在元代蓝釉的基础上相继创烧出雾蓝、洒蓝、回青、天青、宝石蓝等各色釉，但主要是用在瓷器上。在紫砂上用蓝釉装饰的并不多，故宫中有一个宜兴紫砂蓝釉加彩缠枝莲大花盆，用的釉彩和此盆上的一致。

　　此盆四面用蓝釉彩绘花卉：竹、菊、牡丹、荷花，是文人墨客喜欢的题材。画面简洁，流畅。由于盆尺寸较小，加上釉水流动性大，此盆的蓝釉彩绘难度极大，是少见的盆中的精品。

《会员之声》
征稿启事
Solicit Contributions for Members'
Voice

会员之声——中国盆景艺术家协会（CPAA）会员发言专栏，这是一个新窗口，让中国盆景艺术家协会的全体会员在这里找到抒发对协会的活动、展览、组织和推广发展的心得、体会，可上纵论如何推广活动和展览，下述谈地方会员如何组织建设盆景活动等方面的会员专有天地，让所有中国盆景艺术家协会的会员都能在这个平台上就协会的推广和发展的大小问题发言。它为所有会员谋福利，更是所有会员共同为中国盆景艺术家协会和中国盆景艺术的发展做贡献的平台。

不积跬步无以至千里，不积小流无以成江海。会员的每一个观点都是宝贵的资源，会员指出的每一处不足都将让协会进步，您的建议可能给我们中国盆景的发展指明方向，您的提议可能划开盆景发展的新时代。

期待会员们来到这个自己的专属天地！

投稿要求: 1. 内容以盆景发展为主，积极向上；

2. 字数在 300 ~ 1000 字；

3. 未曾在纸质媒介公开发表过（只刊登第一手稿件，请勿一稿多投）；

4. 不退稿，请自留底稿，30 日未接到电话通知者可自行处理；

5. 一经选用，出版后即付稿酬和样书；

6. 请中国盆景艺术家协会会员在来稿时注明联系电话、电子邮箱等。

投稿邮箱: cpsr@foxmail.com

邮寄地址: 北京市朝阳区建外 SOHO 西区 16 号楼 1615 室

邮 编: 100022

明末乌泥椭圆飘口双线盆 长62cm 宽45.5cm 高22.5cm 杨贵生藏品
Late-Ming Dynasty Dark Clay with Overhanging-Edge Oval Pot. Length: 62cm, Width: 45.5cm, Height: 22.5cm. Collector: Yang Guisheng

现代朱泥正方飘口抽角段足盆 长25cm 宽25cm 高18.5cm 申洪良藏品
Modern Red Purple Clay with Overhanging−Edge Square Pot. Length: 25cm, Width: 25cm, Height: 18.5cm.
Collector: Shen Hongliang

明末红泥长方飘口玉绿底线切足盆 长68cm 宽39cm 高23.8cm 申洪良藏品
Late-Ming Dynasty Red Clay with Jade Lines and Overhanging-Edge Pot. Length: 68cm, Width: 39cm, Height:
23.8cm. Collector: Shen Hongliang

中国盆景艺术家协会部分会员
年费续费公告

敬告各位会员:

所有加入了中国盆景艺术家协会第五届理事会(会员期: 2011~2015年)的会员中未一次性缴纳一届会费的会员,请您尽快将2014年的会费汇至本会。本会收到您的续交会费后,将一如既往地为您提供会员活动内容,包括本会每年都会推出的各项国家级盆景大展上的会员活动及每月寄赠与您的《中国盆景赏石》。入会时已经一次性交了一届会费的会员不在此通知范围内,可以不必理会本通知,但个别每年交会费的会员务必在看到本期通知后迅速与秘书处联系会费续费事宜(秘书处电话: 010—58690358),以免因为未按会员章程交纳会费而自动失去所有会员所享有的会员权益。

请上述有关会员于近期尽快将下本年度会费汇款至中国盆景艺术家协会。

会员一年的会费及邮寄服务费用总计336元: 其中含一年的会费260元和一年76元的挂号邮寄服务费,一次性缴纳至2015年度会费的会员,将优先被刊登于《中国盆景赏石》中的首页人像照片栏目——我们来了。

本费用缴纳的截止日期为: 2014年12月1日

会费邮政汇款信息:

收款人: 中国盆景艺术家协会(不要写任何个人的名字汇款,以免本会无法收取此款,寄款时务必写明缴款人寄书地址、手机、电子邮件地址,以免无法准确全面地录入您的缴款信息。)

邮政地址: 北京市朝阳区东三环中路 39 号建外 SOHO16 号楼 1615 室 中国盆景艺术家协会

邮编: 100022

柯家花园 仿古石盆系列欣赏

The Appreciation
of the Ke Chengkun's Antique Pot Series

501# 仿古石盆 长 0.8m 宽 0.5m 高 0.2m 榕树 高 1.1m 宽 1.4m 直径 0.25m 柯成昆藏品 柯博达摄影
501# Imitation Ancient Rock Pot. Length: 0.8m, Width: 0.5m, Height: 0.2m. Ficus. Height: 1.1m, Width: 1.4m, Diameter: 0.25m. Collector: Ke Chengkun. Photographer: Ke Boda

欣赏网址：http://www.xmkjhy.com
欣赏咨询电话：18650163765

成为中国盆景艺术家协会的会员，免费得到《中国盆景赏石》

告诉你一个得到《中国盆景赏石》的捷径——如果你是中国盆景艺术家第五届理事会的会员，每年我们都会赠送给您的。

成为会员的入会方法如下：

1. 填一个入会申请表（见本页）连同3张1寸证件照片，把它寄到：北京朝阳区建外SOHO西区16号楼1615室中国盆景艺术家协会秘书处（一定要注明"入会申请"）邮编100022。
2. 把会费（会员的会费标准为：每年260元，港澳台除外。）和每年的挂号邮费（大陆每本6.3元，每年12本共76元；港澳台每本50元，每年12本共600元）汇至中国盆景艺术家协会银行账号（见下面）。
3. 然后打电话到北京中国盆景艺术家协会秘书处口头办理一下会员的注册登记：电话是010-5869 0358。

会费收款银行信息：
开户户名：中国盆景艺术家协会 开户银行：北京银行魏公村支行 账号：200120111017572
邮政地址：北京市朝阳区建外SOHO西区16号楼1615室 邮编：100022

中国盆景艺术家协会会员申请入会登记表　　证号（秘书处填写）：

姓名		性别		出生年月		照片（1寸照片）
民族		党派		文化程度		
工作单位及职务						
身份证号码			电话		手机	
通讯地址、邮编					电子邮件信箱（最好是QQ）	
社团及企业任职						
盆景艺术经历及创作成绩						
推荐人（签名盖章）						
理事会或秘书处备案意见（由秘书处填写）：						
					年　　月　　日	

备注：请将此表填好后，背面贴身份证复印件连同3张1寸照片邮寄到北京市朝阳区建外SOHO 16号楼1615室 邮编100022。
电话：010-58690358，传真：010-58693878，E-mail: penjingchina@yahoo.com.cn。

《中国盆景赏石》——购书征订专线：（010）58690358

订阅者如何得到《中国盆景赏石》？

1. 填好订阅者登记表（见附赠的本页），把它寄到：北京朝阳区建外 SOHO 西区 16 号楼 1615 室中国盆景艺术家协会秘书处订阅代办处，邮编 100022。
2. 把书费（每年 576 元）和每年的挂号邮费（大陆每本 6.3 元，每年 12 本共 76 元；港澳台每本 50 元，每年 12 本共 600 元）汇至中国盆景艺术家协会银行账号（见下面）。
3. 然后打电话到北京中国盆景艺术家协会秘书处《中国盆景赏石》代订登记处口头核实办理一下订阅者的订单注册登记，电话是 010-5869 0358 然后…… 你就可以等着每月邮递员把《中国盆景赏石》给你送上门喽。
中国盆景艺术家协会银行账号信息： 开户户名：中国盆景艺术家协会 开户银行：北京银行魏公村支行
账号：200120111017572

《中国盆景赏石》订阅登记表

姓名：_____ 性别：_____ 职位：_____

生日：_____ 年 _____ 月 _____ 日

公司名称：_____

收件地址：_____

联系电话：_____

手机：_____ 传真：_____

E-mail（最好是 QQ）：_____

开具发票抬头名称：_____

汇款时请在书费外另外加上邮局挂号邮寄费：大陆每本 6.3 元，每年 12 本共 76 元；港澳台每本 50 元，每年 12 本共 600 元（由于平寄很容易丢失，我们建议你只选用挂号邮寄）。

书费如下：每本 48 元。

☐ 半年（六期）　　☐ 288 元　　☐ 38 元　　☐ 300 元
☐ 一年（十二期）　☐ 576 元　　☐ 76 元　　☐ 600 元

您愿意参加下列哪种类型的活动：
☐ 展览　☐ 学术活动　☐ 盆景造型培训班　☐ 国内旅游（会员活动）　☐ 读者俱乐部大会
☐ 国际 旅游（读者俱乐部活动）

CHINA SCHOLAR'S ROCKS
赏石中国

本年度本栏目协办人：李正银，魏积泉

"天尊" 大化彩玉石 长80cm 宽43cm 高47cm 李正银藏品 苏放摄影
"Primus". Macrofossil. Length: 80cm, Width: 43cm, Height: 47cm. Collector: Li Zhengyin, Photographer: Su Fang

"神圣" 九龙璧 魏积泉藏品
"Holy". Nine Dragon Jade. Collector: Wei Jiquan

"壮乡铜鼓" 大化彩玉石 长103cm 宽60cm 高80cm 李正银藏品 苏放摄影
"Bronze Drum of Zhuang Autonomous". Macrofossil. Length: 103cm, Width: 60cm, Height: 80cm.
Collector: Li Zhengyin, Photographer: Su Fang

图纹石的构图之美解析

文：雷敬敷 Author: Lei Jingfu

The Analysis of the Beauty

of the Composition of Figure Proluta

对图纹石的构图之美解析，我们依然沿袭纹理、色彩、形态和质地的思路，着重于形式美方面。图纹石的构图或者说构成是天工巧得，并不是如绘画创作者那样的事先设定，但是，从赏析的角度看，就形式美本身而言，并没有什么不同。

我们从构图的"力"与"势"的概念入手，进而以实例来解析图纹石构图的形式美原则，最后从赏石悟道的"道"出发，也就是从宇宙学的观点出发，对形式美核心的"统一与变化"的本源意义作进一步探讨。

一、构图中"力"与"势"的概念

构图是画面的整体样式，是对视觉印象的第一冲击力。图纹石的构图之美是其纹理、色彩、形态和质地所构成的画面的综合形式之美。

西方美术强调构图中的造型（物）和造型之间（物与物之间）的"关系线"，如对角线、S形曲线等，以及关系线所围成的"关系形"，如三角形、正方形、圆形等。现代西方美术则进一步关注构图中的张力问题。塞尚说"画面不是光的场所，而是物与物之间力的均衡的场所。"

塞尚所说的画面不是光的场所意味着西方现代美术从以二维平面来表现三维空间的模式中又重新回到了二维平面本身。塞尚说的画面是物与物之间力的均衡的场所则表明了在平面构图的静止结构中感受到了运动，而这正是审美活动中移情于物体之力的心理活动的表现。现代艺术的关注往往是对这种张力构成形式的发掘，因而人们常用画面构成来代替构图一词。

我国传统美术对于"构图"有基于中国传统美学思想的认识与理解。我国六朝时期南齐的谢赫在他评论绘画的著名的"六法"中，把构图称之为"经营位置"。怎样经营呢？比他早些的顾恺之则说得具体，叫做"置陈布势"。如果说置陈是将物体在画面上作安排，那么安排的布势原则是要在各物体之间形成一种气势。中国人认为气为宇宙万物之本，也是一幅画作的构图之本。吴昌硕曾有诗云："若铁（吴昌硕的号）画气不画形"，认为一幅画要有生命力，气是根本，而势是气存在与流动的具体表现。

西方现代美术强调构图中物与物的张力的均衡，是一个空间上的力的构成的概念，中国传统美术强调构图中的气势的展现，是一个时间上的气的运动的概念。在对图纹石画面构图的形式美解析中我们将尽可能将二者融会贯通而所用。

图1 "日照丰年"
房学军藏品

图2 "海上生明月"
于彭国藏品

图3 "狮王" 向义明藏品

图4 "神" 吴怡静藏品

图5 "窗前明月映修竹"
李小平藏品

二、构图中的形式美原则

我们考究一枚图纹石的画面美不美，其形式是有规律可循的。纹（点、线、面）、色形、质是所构成画面的构件，构件组织为整体的法则就是结构原理，也就是通常所说的构图或构成中的形式美原则。

这里要强调一下图纹石的画面是有边框的，就是观赏面的外廓线。所以，对图纹石的构图，必然要与石形(外廓)结合一起来讨论。

构图中的形式美原则如果用一句话来概括，那就是"变化中的统一，统一中的变化"。变化才有活力，统一才能和谐。具体而言，可图示于下：

1. 变化

变化包括对比、节奏与韵律等方面。

(1)对比

对比有色彩对比、黑白对比、虚实对比、动静对比、形态对比、疏密对比、明暗对比等，其中最重要的是色彩对比、黑白对比和虚实对比。

色彩对比有如图1，为色彩对比强烈者的实例。虽红与绿为互补色，但由于红色面积较小且偏一旁，而大块的绿色本身又有深浅变化，减弱了对比度，所以总体感觉是鲜明但不炫目；图2为色彩对比明朗者的实例。一方面浅灰绿的深浅晕色变化增大了画面的朦胧感，而另一方面横向的白脉海岸线又使对比度增强，所以说总体感受是明快而有层次；图3为同类色对比柔和者的实例，由于其中亮色成分黄绿所占的比重极少，

主要色调为灰绿与浅灰绿的对比，所以总体感觉是淡雅轻柔。

黑白对比本来是最强烈的对比形式，但就图4而言，因为黑白之间有大面积的灰色层次过渡，因而整个画面所表现的不是非黑即白的强烈反差，而是鲜明中又富有层次感。只有一处例外，那便是黑白对比最强烈的局部——眼睛，自然而然地成了画面上的视觉重心。

虚实对比是中国绘画中常用的留白形式的表现手法，图5的构图极为简洁，窗帘与修竹所占部位很少，但因明月与竹子的枝叶在留白处上方的交映，从而使整个画面虚而不空，虚实之间，恰到好处。

(2)节奏

节奏多表现为点与点之间的间隔与重复。图6的"墨梅图"中的梅花圆点疏疏密密、错落有致地分布于画面上，极富

构图
├ 变化
│ ├ 对比：色彩对比，疏密对比，虚实对比，动静对比，明暗对比，形态对比
│ └ 节律
│   ├ 复合节律：点、线、面的节奏与韵律
│   └ 简单节律
│   ├ 节奏：点的间隔与重复
│   └ 韵律：线的组合，线的波动与旋转
└ 统一
  ├ 主辅关系
  │ ├ 单层次的主辅关系
  │ └ 多层次的主辅关系
  ├ 均衡关系
  │ ├ 对称均衡
  │ └ 不对称均衡
  └ 协调关系
    ├ 整体与局部协调
    ├ 局部与局部协调
    └ 比例与尺度协调

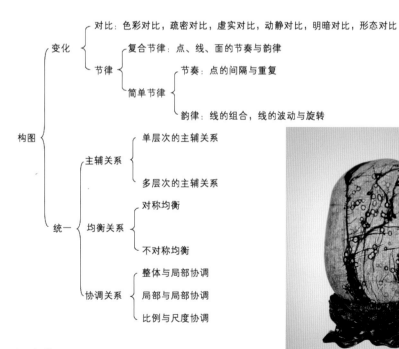

图6 "墨梅图" 梁发焱藏品

图7 "金秋"
汪建登藏品

图8 "律动"
吴军珍藏品

图9 "舞" 郭开喜藏品

图10 "西域魂" 陈海林藏品

图11 "春之歌" 赵毅藏品

图12 "江南春早" 高尚元藏品

音乐的韵律感。节奏也不限于点纹，图7的画面上近地平线的那成阵的黄金色树木的有序排列，同样表现了节奏之美。

（3）韵律

韵律多表现在线的波动与转曲上。图8石上的黑底白色凹状纹呈离心状发射而出，一波三折，极富韵律之美。这通常在卷纹石上有充分表现，在不是卷纹的画面上有时也可以感悟得到。如图9的 "舞" 以曲折变动的晕染线纹不但勾绘出了舞者灵动的身姿，还在整个画面上营造出了梦幻般的氛围。图10的 "西域魂" 则妙在张扬的斑状纹边缘因有了一状如双钩的曲线而使整个型体韵律的变化力度得以增强。

2. 统一

统一是画面的整体观。我们在一个画面上所看到的物象不能是散乱的。各自为政的，而应该是一个统一的整体，能够体现主辅关系、均衡关系和协调关系这三个方面。

（1）主辅关系

主辅关系讲的是主从结构。中国的山水画讲究 "画山必有主峰，为主峰所拱向"（刘熙载《艺概·书概》）。书法上讲究 "每字中立定主笔，凡布局、势展、结构、操纵、侧泻、力悖，皆主笔左右也。有此主笔，四面呼吸相通（朱和羹《临池小解》）。图11是一幅柳下鸟双飞图。整个画面的主辅关系是多层次的。其中的双鸟，大鸟为主，小鸟为辅；在双鸟与柳丝中，双鸟为主，柳丝为辅；在整个画面中，图纹为主，石形外廓为辅。

主辅关系与画面上形象的大小没有直接关系，而在于视觉重心和主题的表达上。在图12中，"江南春早" 的画面上翠竹占了2/3，1/3的空白处一人依横竿而斜倚，由于在疏密对比中，人的视觉重心的地位十分突出，因而整个画面的构图是以人为主，竹为辅。

（2）均衡关系

均衡关系是构图中主要物象之间力的平衡。其中对称均衡是内在力的平衡和外在形态的对等；而不对称均衡是内在力的平衡但外在形态的不对等。

对称均衡在我们这个星球上对于生物体而言是一个普遍现象，因为在地球引力的作用下，对称形态是生物体一种最稳定的进化选择。对于图纹石来说，对称图像除了在其化石类中较常见之外（图13），其他的就只能是可遇而不可求的石中之奇了（图14）。

不对称均衡在图纹石构图中是比较普遍的，图15的 "王" 字的两横一竖紧靠石体的左端，而且偏得厉害。妙在最后一笔，横拖到观赏面的右侧，使整个 "王" 字既具书法意趣又达到了构图的均衡效果。图16的 "图腾" 是一诡异的变形脸谱图像。左眼黑色偏重但面积小，右眼灰色偏轻但面积大，二者正好在以鼻梁与嘴为中轴的两边达到了均衡，而端庄的石形无疑又强化了这种均衡的效果。

（3）协调关系

协调关系包括两个方面，一是整

图13 "神七" 姜家明藏品

图14 "天坛" 姜家明藏品

图15 "王" 王玉清藏品

图16 "图腾" 安金花藏品

图17 "狼图腾" 龙文藏品

体与局部之间的协调，在于置陈布势的"势"的一以贯之，在于物象之间力的平衡，特别是物象的关系线与石形外廓的力的平衡。二是比例与尺度的关系，著名的黄金分割律即是其中之一。

图17的"狼图腾"画面中，狼一跃而起的侧面形态为一条"S"型关系线，也是一条"势"的动态线。其内在的张力由于狼的两条后腿的下蹬状而指向石面的左下方，正好与石形外廓因右侧突起而向右方的外在张力构成了平衡的态势。

图11也是一个图纹的内在张力与藏石者有意倾斜的石形的外在张力达到平衡的实例。假设将石面上的白纹图像抹掉而只显现黑的底色，那么原先协调的石形便会显得不稳，这反证了图纹与石形外廓之间的张力关系。

中国的山水画除讲究主辅关系之外，还讲究山脊的气势走向。如果一方图纹石的山体的山脊线或跌宕起伏、或蜿蜒曲折、或平逸高远，总之，要山脊线的"龙脉"清晰，而又气势不凡，方可称为不可多得的"佳作"。

比例与尺度是从整个画面上看要比例合理，尺度得当。黄金分割比的长:宽等于1:0.618是自然界普遍存在的一种数量关系，所以又称之为黄金分割律。黄金分割比的近似值分别为2:3、3:5、5:8。举例来说，画面上的主体形象一般并不以其位于正中的1:1的位置为好，而以在3:5或5:8的位置更为适当。

西方艺术以万物之灵的人的身体的比例与尺度作为构图协调关系的依据。当以人体的肚脐为圆心画一个圆时，正好可以与呈大字形伸开的手指、脚趾内接；当人体平伸两臂时正好与身高等长，可以构成一个正方形；而当人体两手下垂两脚张开时为一个等腰三角形，如此等等。所以，在西方艺术的构图中常将圆形、正方形、等腰三角形等作为基本的"关系形"的几何形式。

中国画也讲尺度和比例，如王维《山水论》中的"丈山，尺树，寸马，分人"就是一个比例合宜的概念。在一枚通常并没有透视关系的图纹石的画面上，对物象大小比例失当的认知将是很可笑的一件事。

需要指出的是，为了论述的方便我们对变化与统一的关系分别逐项说明，而实际情况是变化中又统一，统一中又变化的辩证关系，是难以分开的。

三、统一与变化本原意义的哲学思考

统一与变化是人类对形式美判断的一个普遍性的原则，我们以此来解析图纹石的构图之美只是对这一普遍性原则的应用。如果要进一步探究统一与变化何以成为原则，何以能够普适，那就要从宇宙学的观点作进一步的哲学思考了。

首先，宇宙是统一的，这有三个层次的理解。

第一个是发生学层次的同一性，宇宙万物都来源于同一个"无"。这个"无"就是易经上所说的"无极"，由"无极而太极"，然后"太极生两仪，两仪生八卦"，生万物。也是老子说的"天下万物生于'有'，'有'生于'无'。"从作为天地之始来说"道"就是"无"，"道生一，一生二，二生三，三生万物。"

中国传统的哲学思想中关于宇宙起源于"无"的同一观与当代关于宇宙大爆炸的宇宙学理论惊人的一致。大爆炸理论认为宇宙是在一百三十亿光年之前由一个接近于"无"的"奇"点以极短暂的时间爆炸而形成，至今宇宙还处于大爆炸之后的膨胀之中。

既然宇宙万物都来源于同一个"无"或同一个"奇"点，那么从发生学上就表明了宇宙万物来源于本原的同一性，这是宇宙万物同一性的基本出发点。

宇宙万物统一的第二个层次是组成成分的同一性。宇宙万物尽管千变万化，但都是由一些最基本的成分组成。中国的五行学说，西方德谟克利特的原子学说，以至于当代物质构成的元素学说，基本粒子学说，又和太极学说与大爆炸理论本质相似一样，是臆想思辨与科学实证的殊途同归。

宇宙万物统一的第三个层次是宇宙万物所具有的普遍联系。这个普遍联系大到整个宇宙、银河系，小到地球上的自然界，人类社会和每一个人体自身。这已经是经过无数次证明的事实了。

再说宇宙是变化的，也有三个层次。第一个层次是宇宙万物从诞生之日起就不断发生着的运动：宇宙的不断膨胀，新星的不断产生，老星的不断衰亡；第二个层次是地球上的万物变化：沧海桑田，春去秋来，昼夜交替，社会更迭；第三个层次是人自身的变化：生理上的生老病死，心理上的喜怒哀乐，思维上的推理顿悟。

以上本原意义上的统一与变化的辩证法说明了形式美原则的哲学意义。可以这样说，人类对"统一中的变化，变化中的统一"的形式美的认同与追求是人类与生俱有的审美意识，对于图纹石构图的审美，也莫能外。

对于形式美解析的另一方面的意义，是有助于我们对于抽象美的理解。我们可以从形式着手去理解意味，也可以从意味着手去探索形式表现的规律。如果能从形式表现之中，如图纹石的点、线、面、色、形、质的形态和构图中感受到图纹形式所对应的意味，那么图纹石的抽象审美将成为可能。

中国古今名石简谱（连载九）
Chinese Famous Rocks (Serial IX)

文：文甡　Author: Wen Shen

2. 寻访寿山石

寿山位于福州市北郊，距城30多千米。寿山石产于以寿山村为中心，北至党洋，南至月洋，东至连山，西至旗山，方圆不过15km的范围内，东面的小河称寿山溪。寿山村在宋代属怀安县稷下里。明万历八年（1580），怀安易名侯官县。民国三年（1914），侯官县与闽县合并，称为闽侯县。1961年，原属闽侯县北峰划归福州市管理，现在行政隶属于晋安区寿山乡。这里的田间、水畔、山岭、沟壑，纵横交错地分布着寿山石矿藏。

寿山石分类法

寿山石品种繁杂。最早提出寿山石分类法的人，是清代学者高兆和毛奇龄。高兆，福建侯官县人。康熙六年（1667），高兆回乡，写出我国历史上第一部寿山石专著《观石录》。其中提出："石有水坑、山坑。水坑悬绠下凿，质润姿温；山坑发之山蹊，姿暗然，质微坚，往往有沙隐肤里，手摩挲则见。水坑上品，明泽如脂，衣缨拂之有痕。"这是最早的以坑分类。毛奇龄，浙江萧山人。康熙二十六年（1687），他客居福州开元寺，写出继《观石录》之后的第二部寿山石专著《后观石录》。书中进一步提出："以田坑第一，水坑次之，山坑又次之。"的观点。后人将这种分类方法称为"三坑分类法"，为海内外鉴赏家普遍认同，影响深远。现代，被政府职能部门采纳，成为寿山石划分标准。

田坑石类

因产于寿山溪旁稻田下而得名。因其无脉可寻，无所连依，所以又称为"无根石"、"独石"。寿山田石多呈黄色，所以称为田黄石。田黄石长年受到水的滋养，多呈微透明状态，肌里隐约可见萝卜絮状纹和细小红丝格，颜色从内到外由浅渐浓，形成石皮。寿山石有"无纹不成田、无格不成田、无皮不成田"之说。

被称为"石帝"的田黄石，问世时并不被认识。清施鸿宝《闽都记》中记载："明末时有担谷入城者，以黄石压一边，曹节愍公（曹学佺）见而奇之，遂著于时。"从这段记载中可以得知，晚明时，田黄还被山农当作压谷石，经曹尚书发现而名世。清代康乾盛世，田黄被尊为"石帝"，用于帝王玺印，受到钟

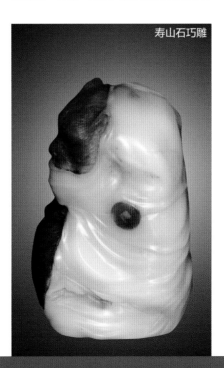

寿山石巧雕

寿山画面石

寿山乡石馆中的田黄石

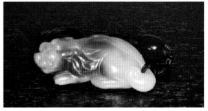

寿山石巧雕

爱，原因大致有三：①有福（州）寿（山）田（黄）丰的吉祥寓意；②纯正的黄色与皇权象征的明黄正色相合；③温润佳质，无根而璞，稀有珍贵。清末代皇帝溥仪献出的田黄三链章，就是乾隆御宝。

寿山溪全长8km，分为上坂、中坂、下坂，溪中田石有"上坂田色淡、中坂田色黄、下坂田质好"的说法。田石依据色泽，可分为黄田、白田、灰田、黑田、花田等10多个品种。同品种中，因颜色深浅，又可细致划分。如田黄中又有：黄金黄、橘皮黄、桂花黄、枇杷黄、熟栗黄、桐油黄等颜色。

水坑石类

寿山村东南的坑头占峰，即寿山溪的发源地，其山麓临溪傍水之处，有矿"坑头洞"、"水晶洞"，是水坑石的产

寿山乡石馆　　　　　寿山石矿远眺　　　　　山民挖田黄

地。水洞在溪水边，矿脉延伸到溪水之下，洞中水深难测，采掘十分困难。水坑石有十几个品种，多玲珑剔透、光泽润亮，是各种晶、冻石的上品，有"千年珍稀"的美誉。

山坑石类

泛指寿山、月洋两村方圆几十里的群山出产的矿石，是寿山石印章和雕件的大宗材料。按其所产山洞区分为：高山石、太极山头石、都成坑石、善伯洞石、金狮峰石、旗降石、老岭石、月洋石、峨嵋石等诸大类，石种多达100多个，细目更繁，琳琅满目，美不胜收。

寿山原石

寿山原石，也是一个重要的收藏门类。这种收藏情趣，起源于"寺坪石"。寺坪石并不是矿脉中的石种名称，而是埋藏于寿山村外洋，广应寺院遗址土中的古代寿山原石和雕件。广应寺院是寿山古刹，始建于唐光启三年（887），明洪武和崇祯年间两度被焚毁。寺中僧人广纳寿山石礼佛，寺废寿山石经火炙再入土中。石复经年受水浸土沁，表皮色转黝暗，质地则润泽倍增，内蕴古朴之气。明徐𤊹《游寿山寺》诗："草侵故地抛残础，雨洗空山拾断珉。"即指挖掘寺坪石的情景。寺坪原石品种很多，材虽不大，却质色精良，尤为珍贵。更重要的是，寺坪石开创寿山原石收藏先河，为保存天然形态寿山石居功至伟。

寿山石对印学的贡献

寿山对印学最大的贡献，在于精妙的"薄意"艺术。薄意是寿山印雕独特的艺术表现手法，因其浅刻如画，也称"刀画"。薄意印雕素以"重典雅、工精微、入画理"而著称。它融书法、篆刻、绘画于一体，具有清新洒脱、高远飘逸的境界。奠定薄意在印学中崇高地位的人，是晚清"西门派"大师林清卿。林清卿年少便有刻名，为雕刻艺术，它拜师学习水墨丹青，研究秦砖汉瓦、古代石刻、金石、篆刻、书法、绘画等艺术门类。林清卿自觉融会贯通后，专攻薄意，成为一座不可逾越的高峰，称为"西门清"。"东门派"在薄意雕刻艺术上也颇有建树，被称为"东门清"的林友清为其代表人物。新时期以来，美院毕业的年轻一代，也不乏佼佼者，称为"学院派"。

寿山对印学的另一个杰出贡献，就是古兽钮雕。福州"西门派"，以印钮为本门宗业，其作品风格古朴厚重，深得文人雅士的喜爱。"东门派"也精于印钮雕刻，古兽形态传神，刀法灵动，须发开丝而不断。近代"东门派"大师周宝庭的作品，技融"东"、"西"，艺贯古今。他创作的寿山印钮"百古兽"，被誉为中国传统艺术瑰宝，周宝庭堪称寿山印钮古兽雕刻一代宗师。毕业于美院的庄元，将周宝庭的百古兽绘成图集，也成为珍贵的历史资料。

寿山石的特色

寿山石受到历代文人的喜爱。清查慎行有《寿山石砚屏歌》："平生嗜好无一癖，而今特为情爱钟。吁嗟乎！人间尤物盖不乏，目所未睹谁能穷。公今获石石遇公，无心之会欣遭逢。"人、石相聚皆是缘。近代文人郁达夫说："青田冻石如深闺稚女，文静娴雅；昌化鸡血如小家碧玉，薄施脂粉，楚楚动人；而寿山石则如少妇艳妆，玉粉翩跹，令人眼花缭乱，应接不暇。"作为浙江人的郁达夫，对寿山石却如此偏爱。著名书画家潘主兰说寿山石："以其可怀而携带之，可握而摩挲之，可列而赏玩之，怡情悦性，终其身享受。彼泰山松，黄山云海，庐山瀑布，徒过眼云烟，比美寿山石自不待言可知矣。"寿山石与人亲合魅力，竟胜于名山大川之美景，这种独特语言，不知会有多少石痴正中下怀。宋代朱熹的高足黄干有《寿山》诗："石为文多招斧凿，寺因野烧转荧煌。世间荣辱不足较，日暮天寒山路长。"因石而悟人生，又引出一番新境界。

寿山村自20世纪90年代，列为文化旅游区以来，建成以中国寿山石馆、寿山石文化中心广场和寿山石商贸街为主体，独具文化韵味的文化观光街。面对着美丽的寿山山水，置身于五彩缤纷的美石之中，石友若能进山探宝，一定会不虚此行。

【未完待续】

寿山石雕　　　　九连环寿山石　　　　寿山石雕　　　寿山石雕

文、图: 古德·本茨 Author/Photographer: Gudrun Benz

2013 BCI 国际盆栽俱乐部贵宾中国行

参观两个石头交易市场

2013 BCI VIP China Tour
visit of two stone markets

　　2013年4月21日至4月28日间在中国扬州举办"2013国际盆景大会"后,仅限BCI成员参加的中国游览行程开始于中国扬州,途径南京、黄山、杭州、苏州,最后结束于上海。整个游览行程包括参观两个石头交易市场——南京雨花石市场,还有一个位于上海市郊区的大型石头、赏石交易市场。

　　雨花石,是一种椭圆形的天然玛瑙石,主要产于南京市,传说在雨花台附近被发现,所以被命名为"雨花石"。雨花石有美丽的色彩和花纹。人们醉心于它的色彩、材质、硬度还有半透明的质感,雨花石表面神奇的形状和颜色呈现出自然的景和物。为了增强雨花石的色彩冲击感,雨花石通常被放置在盛满清水的玻璃碗或者白色的碗中。雨花石不仅在当地很受欢迎,在整个中国都很受人们的喜爱。

　　在大部分参观嘉宾的建议下,我们又去参观了位于上海市郊区的一个石头交易市场。这个市场中的石头规格各异,既有大到几米的用于装饰庭院的石头也有小到几厘米用于观赏的赏石。这个地方也是"中国赏石文化中心",类似一个石头博物馆。遗憾的是,我们只有一个小时的游览时间以致于不能得到更深刻的印象和好好地讨价还价。但是对于我们西方人来说,最惊异的是看到有百余名石头交易商的大型市场。一些商铺也出售中国传统家具。下一次来上海的时候,这个市场可能成为首选的参观景点。几张照片以供大家了解详情。

放置在商铺内木架上的雨花石
Stone display on shelves in different stone shops

放置在商铺内木架上的雨花石
Stone display on shelves in different stone shops

南京雨花石交易市场
上所售卖的雨花石
Display of Yuhua stone
for sell. Yuhua stone
market at Nanjing

放置在白色瓷碗和塑
料容器中的雨花石
Display of Yuhua stones
in white porcelain rice
bowls and plastic
containers

雨花石绚丽的色彩和纹理
Yuhua stone are appreciated by their colour
and veins. Yuhua stone market at Nanjing

The tour reserved for BCI members took place after the "2013 International Bonsai Convention" in Yangzhou, China from April 21th to 28th, 2013. It begin in Yangzhou and went via Nanjing, Huangshan mountains, Hangzhou, Suzhou and ended in Shanghai. The tour included two stone markets: the Yuhua stone market in Nanjing and a big Stone market of garden stones and shangshi in the outskirt of Shanghai.

Yuhua stones are natural oval lentil-shaped pebbles of agate or chalcedony of small size which are found near Nanjing at the so called Rainbow Terraces. Therefore the stones are also called "Raining Flower Stones" or "Rain Flower Pebbles" or "Raindrop Stones". Sometimes they are rich in color with diverse patterns of bright tones. They are appreciated by their colors, material, hardness and translucence as well as "designs" painted by veins of different colors and suggesting natural objects or scenes. In order to enhance the color, the stones are put in glass or white China rice bowls which are filled with clear water. Yuhua stones are very popular not only in the Nanjing region but also in whole China.

At the request of the majority of the participants we visited a stone market in the outskirt of Shanghai city. It is a market of stones of all sizes-very big garden stones of a few meters as well as small shangshi of only a few centimeters. Within this area is also a "Chinese Cultural Center of Stone Appreciation", a kind of stone museum. Unfortunately, we had only one hour to look around, too short to have a better impression and time to bargain for stones. But for us Westerners it is even most amazing that such huge market places exist with hundreds of stone traders. Some stores had also traditional Chinese furniture for sell. This market could be a target for the next trip to Shanghai. Here only a few photos.

位于上海郊区的大型石头交易市场的街道
Main street of the huge stone market on the
outskirt of Shanghai

灵璧石
Lingbi stone

珍品典藏

文、收藏：李尚文 Author/Collector: Li Shangwen

"凌寒留香" 九龙璧梅花石 长20cm 高20cm 宽12cm
李尚文藏品
"Bloom Lonely in Cold Weather and Emit Fragrance". Nine Dragon Jade with Plum Flower Pattern. Length: 20cm, Height: 20cm, Width: 12cm. Collector: Li Shangwen

凌寒留香

墙角数枝梅，凌寒独自开。
遥知不是雪，为有暗香来。

虎纹蜡石

石质温润，金辉相偎。
虎纹斑斓，富华高贵。

"黛玉葬花" 玛瑙石 长6cm 高12cm
宽3cm 李尚文藏品
"The Flowers' Funeral". Agate. Length: 6cm, Height: 12cm, Width: 3cm. Collector: Li Shangwen

"沧桑" 九龙璧 长30cm 高39cm
宽9cm 李尚文藏品
"Vicissitude". Nine Dragon Jade. Length: 30cm, Height: 39cm, Width: 9cm. Collector: Li Shangwen

"虎纹蜡石" 福建蜡石 长18cm 高20cm
宽9cm 李尚文藏品
"Tiger-Striped Chaoite". Fujian Chaoite. Length: 18cm, Height: 20cm, Width: 9cm. Collector: Li Shangwen

黛玉葬花

花谢花飞花满天，
红消香断有谁怜；
怀情弱女惜春暮，
落絮轻沾扑绣帘。

沧桑

醇厚的天然包浆，
凝重的原始皮色，
诉说亿万年的沧桑和磨砺，
这就是中华九龙璧。

"茶花女" 九龙璧 长 13cm
高 25cm 宽 5cm 李尚文藏品
"La Traviata". Nine Dragon
Jade. Length: 13cm,
Height: 25cm, Width: 5cm.
Collector: Li Shangwen

茶花女

美丽的发髻，飘曳的长裙；
静默无言，却有馨香盈莹。
世界名著《茶花女》中女主人公
玛格丽特形象灵动展现。

一代球王

清晰完整的浮雕图案，强劲动感地
将高尔夫一代球王泰格·伍兹挥杆
的瞬间定格在此方寸之上。

"一代球王" 福建河卵石 长 5cm
高 12cm 宽 3cm 李尚文藏品
"Number One". Fujian Pebble.
Length: 5cm, Height: 12cm,
Width: 3cm. Collector: Li Shangwen

"六祖慧能" 长江绿泥石 长 17cm
高 31cm 宽 7cm 李尚文藏品
"The Sixth Patriarch Huineng".
Yangtze River Chlorite. Length:
17cm, Height: 31cm, Width: 7cm.
Collector: Li Shangwen

六祖慧能

菩提本无树，明镜亦非台；
本来无一物，何处惹尘埃。

"大肚弥勒" 花蜡石 长 10cm
高 14cm 宽 7cm 李尚文藏品
"Big-Bellied Maitreya".
Colorful Chaoite. Length: 10cm,
Height: 14cm, Width: 7cm.
Collector: Li Shangwen

大肚弥勒

大肚包容，了却人间多少难事；
满腔欢喜，化解天下多少愁绪。

球星小罗

大自然鬼斧神工，诙谐夸张地创作
出球迷亲切称为"天才龅牙男"的
巴西球王小罗纳尔多的漫塑象。

"球星小罗" 广西来宾石 长 25cm
高 29cm 宽 15cm 李尚文藏品
"Soccer Star Ronaldinho".
Laibin Stone. Length: 25cm,
Height: 29cm, Width: 15cm.
Collector: Li Shangwen

"方丈" 赣江蜡石 长 6cm 高 16.5cm
宽 5cm 李尚文藏品
"Buddhist Abbot".
Ganjiang Chaoite. Length: 6cm,
Height: 16.5cm, Width: 5cm.
Collector: Li Shangwen

方丈

人间教主，度世宗师；
怀怜悯之心，撑苦海慈航。

瑟韵琴音
古筝、石头、我

Rhyme and Music Sound
—Zither, Stone and I

文：春媚 Author: Chun Mei

图1 "渔舟唱晚" 长江石 长 5cm 高 8cm 宽 2cm 百合藏品

古筝，中国最古老的弹拨乐器，被列为"琴棋书画"四艺之首，多少圣贤、高士、诗人、雅客都将之视为知己良朋，《诗经》中就记载着"窈窕淑女，琴瑟友之"。李白、杜甫就是历史上著名的琴学家。不论是孟浩然"之子期宿来，孤琴候萝径"之以琴候知音，还是王维"独坐幽篁里，弹琴复长啸"之以琴惬幽情，又或是东坡之"几时归去，做个闲人，对一张琴，一壶酒，一溪云"之以琴养恬淡。都令从小就偏爱古诗词的我对古筝无比神往。

而每每念着那些借琴咏兴的诗句，更是让我柔肠百转，心魂俱荡。"绿绮琴中心事，齐纨扇上时光。"琴中可是秋扇闲抛的心事？"锦瑟无端五十弦，一弦一柱思华年。"弦上可是年华不在的感叹？"哀筝一弄湘江曲，声声写尽湘波绿。"曲冷湘波，几番幽怀难写。"弹着相思曲，弦肠一时断。"弦断愁肠，多少相思难寄。"雁柱十三弦，一一春莺语。"有时，琴声呢喃，如一抹情窦初开的少女羞怯；"小莲未解论心素，狂似钿筝弦底柱。"有时，弦急柱促，似一份炙烈痴狂的浓情热恋。"秦筝算有心情在，试写离声入旧弦。"我酸楚着这份离情；"一春离恨懒调弦，犹有两行闲泪宝筝前"也惆怅着这份别绪……

抛下手中的书，我的思绪似乎还沉浸于诗词的瑶琴古瑟里，不知不觉，我的眼光游弋于满屋的美石，这一刻，多想一张古筝与我朝夕相伴，芳情共遣。任自己在石头的世界中寻寻觅觅、流连忘返……隐隐约约，我看到碧波万顷，晚霞辉映的江南湖畔，渔人悠然载歌，摇橹声声中，渔舟渐行渐远，月光如水，清风拂澜……好一曲"渔舟唱晚"（图1）！依稀仿佛，我听到夜风潇潇，蕉雨淅沥，那

蕉阴掩映的秋窗下，是谁在弹奏着一曲"蕉窗夜雨"（图2）。

看，那高山绝顶上盘膝而坐的高士，可是伯牙的一曲"高山流水"（图3）觅知音？听，那绿影重重，繁花簇簇的庭园深处，是谁的一曲"且吟春踪"（图4）在细诉芳情……品味着石中这一曲曲清音妙韵，我不禁芳心摇曳，幽思缱绻……

第一次看到这枚让我配文的石头，

图2 "蕉窗夜雨" 长江石 长 6cm 高 8cm 宽 4cm 春媚藏品

图3 "高山流水" 长江石 长23cm
高24cm 宽8cm 春媚藏品

图4 "且吟春踪" 长江石 长12cm 高8cm
宽4cm 百合藏品

图5 "汉宫怨" 长江石 长16cm 高24cm 宽8cm 段雪梅藏品

我感叹不已，多么熟悉的场景。帐幔轻纱、华窗雕栏，一抹黯然寥落的身影，一张满载心事的瑶琴。

又是一阕《临江仙·汉宫怨》：宝髻雍雍黛浅，秀服款款身纤。清筝徒解弄哀弦，音消愁未减，曲罢恨犹添。漏尽霜侵衾凤，梦残泪透枕鸳。晓窗凝坐半倚栏。泫烛滴尽血，心字化成烟(图5)！

这枚"汉宫怨"，让我第一次有了买琴的强烈愿望，终因爱人极力反对而作罢。但当我见到这枚"凝响"并将之拥为己有时，我才知道，古筝与我早已结下不解情缘。石上：柳眉未展、怯寒犹眠；花心未露、羞风带醉。我似乎听到沁着新绿的枝头上，黄莺儿正卖弄着自己的如簧巧舌，一双翩然而至的春燕正掠飞在清波绿水间，偶尔用它们剪子般的黑尾轻点水面，撩拨着我蠢蠢欲动的心田。……

那婀娜的纤腰、动人的双肩、乌黑的秀发、清婉的琴音，更是让我屏息以待……

《鹧鸪天·凝响》

沁叶簧舌二月天，掠波剪羽影翩然。

泻香亭下花犹醉，滴翠楼边柳尚眠。星眸转，月眉纤，清歌一曲诉春寒。幽思几许情何限？凝语停筝一瞬间(图6)！

就在这清音凝绝的一刹，那联翩浮想已随着倩女的无限幽思不停地晕染、绵延……因为这枚"凝响"，我终于不顾一切的买了一张古筝。

当我闲坐幽窗、恬居静室，与满屋心爱的石头脉脉相对，两两无言时，我就会来到古筝旁，"佳人抚琴瑟，纤手清且闲。香气随风结，哀响馥若兰。"我身着旗袍，幻想自己如空谷佳人一般，那该是怎样绝美的画面！当我陶醉在那一个个哀怨缠绵的石中故事时，我忍不住"纤手十三弦，细将幽恨传……弹到断肠时，春山眉黛低。"

说来可笑，其实，我并不会古筝，也从没学过一支完整的古筝曲，我只是随意尽情的抚弄，听着手中叮叮咚咚的清音在满屋流转。于是，爱人常笑话我："简直就是乱弹琴，都不知道你花那么多钱买来干啥？你倒不如老老实实去报个古筝学习班，免得人笑话。"而我总是不置可否。也许吧！可能别人都会觉得我有怪癖，为了一块石头买古筝，买了却不

图6 "凝响" 长江石 长19cm 高24cm
宽7cm

会弹，为了古筝还买了几件旗袍，平常又不见我穿。可那又怎样，陶渊明一生酷爱琴、书、酒，《晋书·隐逸传》记载"潜不解音，而畜素琴一张，无弦，每有酒筵，则抚而和之，曰："但识琴中趣，何劳弦上声。"陶渊明之无弦琴被视为风雅之举，脱俗之行，今日，我纵然古筝乱抚，却只为我和石头而情之所至，这又有何不可？我相信，当我深情专注地拨弄着琴弦时，石头也在脉脉聆听，那一刻，我们彼此融入，伴着琴音袅袅，我仿佛穿越时空……或许，前世的我也曾觅石于河滩，又或许，幽窗抚琴，于闺中把石赏玩……

我想，有一天我会谱写一曲《古筝、石头、我》，琴音如天籁，是为天；石韵似乾坤，谓之地，合此"天地人"，悠悠一曲，天上人间！

中国罗汉
研究示

把享有罗汉松皇后美誉的"贵妃"罗汉松接穗嫁接到其他快速生长的罗汉松砧木
生长速度比原生树还快几倍，亲和力强，两年后便能造型上盆观赏，这种盆景
快速成型的技术革命是谁完成的？是在哪里完成的？

松生产
基地

全国十大苗圃之一

广西银阳园艺有限公司——中国盆景艺术家协会授牌的国内罗汉松产业的领跑者和龙头企业

2009年

贵妃罗汉

THE RESURRECTION OF

CULTURE

BELONGING TO
TANG DYNASTY
STARTS FROM

HERE